2023 SHOUJIE BISHENG WENHUA
LUNTAN CHENGGUOJI

2023
首届毕昇文化论坛成果集

本书编写组 ◎ 主编

文化发展出版社
Cultural Development Press
·北京·

图书在版编目（CIP）数据

2023首届毕昇文化论坛成果集 / 本书编写组主编. — 北京：文化发展出版社，2024.4
ISBN 978-7-5142-3910-2

Ⅰ. ①2… Ⅱ. ①本… Ⅲ. ①印刷术－中国－文集 Ⅳ. ①TS805-53

中国国家版本馆CIP数据核字（2024）第059224号

2023首届毕昇文化论坛成果集

本书编写组　主编

出 版 人：宋　娜	
责任编辑：杨　琪	责任校对：岳智勇
责任印制：邓辉明	封面设计：盟诺文化

出版发行：文化发展出版社（北京市翠微路2号 邮编：100036）
发行电话：010-88275993　010-88275710
网　　址：www.wenhuafazhan.com
经　　销：全国新华书店
印　　刷：中煤（北京）印务有限公司

开　　本：710mm×1000mm　1/16
字　　数：110千字
印　　张：7.75
版　　次：2024年6月第1版
印　　次：2024年6月第1次印刷

定　　价：49.00元
ＩＳＢＮ：978-7-5142-3910-2

◆ 如有印装质量问题，请与我社印制部联系　电话：010-88275720

编委会

主编

李治堂　郑光文　王海霞

编委成员

李　文　卢　峰　张春梅　童　壁　黄　伟
陈连佳　刘华丽　王　亮　杨倩莉

编辑部

执行主编

余　智

执行副主编

胡义斌

编务人员

郑桂良　姜红胜　刘　惠　王　吉　张　顽

序

毕昇是活字印刷术的发明者，也是中国传统文化的代表性人物。活字之术，传文章于千载；创新之力，扬文化至四方。活字印刷，始于泥木、闻于纸墨、兴于文化。毕昇文化的重要内涵承载在活字印刷的发明和传承中，为后世留下了布衣毕昇平凡而不凡的工匠精神、质朴而坚韧的探索精神、渺小而伟大的创新精神，为中华文化繁荣发展、中华民族伟大复兴提供了重要的力量源泉。

湖北省黄冈市英山县以"挖掘毕昇文化内涵，讲好毕昇故事"为目标，促进文化传承发展、推动文旅康养产业再上新台阶。北京印刷学院是以印刷为特色的高等学校，在行业资源、科学研究和人才培养等方面具有深厚的基础。在此背景下，2023年北京印刷学院与英山县深度合作，以举办"毕昇文化论坛"为契机，汇聚各方资源，共同感悟毕昇精神，传承毕昇文化，探讨新时代英山文旅与印刷业的高质量发展。

习近平总书记在全国宣传思想工作会议上的重要讲话深刻阐述了新形势下党的宣传思想工作必须自觉承担起举旗帜、聚民心、育新人、兴文化、展形象的使命任务。在此背景下，本书精选本届"毕昇文化论坛"相关研究成果，以毕昇文化为主题，紧扣英山地方特色，从多学科、宽领域、多维度进行探讨，充分发挥毕昇人文元素，为毕昇文化的传承与印刷业的发展不断走向深入提供了强有力的支撑，为促进印刷文化旅游资源传承与发展，推动印刷出版文化事业改革与创新，建设社会主义文化强国、教育强国贡献了积极力量。

文化是一个国家、一个民族的灵魂。文化兴则国运兴，文化强则民族强。《2023首届毕昇文化论坛成果集》的出版，不仅是对毕昇文化和印刷文化研究的一次重要贡献，更是传承和弘扬毕昇文化的重要举措。在此，感谢所有参加论坛和参与编写这本图书的专家学者与工作人员，感谢他们为保护和传承毕昇文化所做出的贡献，也希望更多的人能够关注和研究毕昇文化、印刷文化，让它在当代社会中绽放出新的光彩。

中共英山县委书记

郑光文

目 录

一、挖掘毕昇文化优势　助力中国印刷文化传承与发展

　　　　　　　　　　　　　　　　　　　　　张迁平（001）

二、英山县传承弘扬毕昇文化的创新发展之路

　　　　　　　　　　　　　　　　　　　　　刘礼堂（004）

三、弘扬毕昇精神　推动中国印刷产业高质量发展

　　　　　　　　　　　　　　　　　　　　　刘轶平（006）

四、毕昇法胶泥制字工艺实证研究　　　赵春英　尹铁虎（008）

五、武英殿聚珍本之内外聚珍考　　　　　　　刘甲良（020）

六、英山毕昇　杭州活版　　　　　　　　　　辜居一（034）

七、传承毕昇文化，讲好印刷故事　　　　　　高锦宏（040）

八、论中国活字版印刷术的历史性贡献　　　　邢　立（042）

九、闽北活字印刷刍议　　　　　　　　　　　　　余贤伟（053）

十、瑞安木活字印刷技术传承历史考　　　　　　吴小淮（062）

十一、文化创新背景下活字印刷的商业价值和发展模式

　　　　　　　　　　　　　　　　　　魏立明　刘琳琳（083）

附录一：《黄冈日报》专刊报道　　　　　　　　　　　（096）

附录二：首届毕昇文化论坛主题学术报告摘录　　　　（097）

附录三：北京印刷学院成功举办2023年"毕昇文化传承与印刷产业
　　　　发展"首届毕昇文化论坛　　　　　　　　　（107）

一、挖掘毕昇文化优势　助力中国印刷文化传承与发展

张迁平 [①]

一千年前,毕昇发明了泥活字印刷术,这是我国印刷技术发展史上的一座里程碑,推动了中国文化的传承和人类文明的发展进程。泥活字印刷术的出现,使得印刷技术从手工制作的阶段向机械化生产的阶段迈进,大大提高了印刷效率和质量,为中国文化的保存和传承奠定了坚实的基础,成为中华优秀传统文化中的重要符号和宝贵财富。文化兴则国运兴,文化强则民族强。党的二十大从全面建设社会主义现代化国家的高度,对推进文化自信自强,铸就社会主义文化新辉煌进行了战略部署,意味着我们需要更加注重传承和发扬中华优秀传统文化,同时也需要积极推进文化创新和发展,让中华文化在世界文化舞台上展现出更加独特的魅力。

毕昇是英山得天独厚、独一无二的金字招牌。英山县委、县政府在过去大量保护发掘工作的基础上,深挖毕昇文化,讲好毕昇故事,擦亮毕昇品牌,推动英山文化与经济社会发展,以实际行动为贯彻落实党的二十大精神、务实开展主题教育做了最好的注解。我通过实地参观毕昇纪念馆、毕昇纪念园,学习了英山县发掘毕昇文化、建设毕昇文化产业园的好经验、好做法,本文将结合本人所从事的印刷管理工作,谈谈如何更好地挖掘毕昇文化优势,助力中国印刷文化的传承与发展。

---

① 张迁平,中央宣传部印刷发行局印刷复制处副处长。

1. 加强对中国印刷文化的深入研究，进一步增强历史自觉坚定文化自信

随着时代的变迁，印刷文化作为一种重要的文化形态，不断地在创新与发展中探索前行。毕昇作为印刷文化的先驱者，一直秉承着开拓创新、坚持探索、科学求真、无私奉献的精神，为无数中国人在求索的征途上带来了巨大的前行动力。郑光文书记曾用毕昇的精神激励县里的外出务工人员干出一番天地。在上周我在调研广印展时，民族印刷装备品牌的崛起也体现了毕昇精神的一脉相承。站在历史的高度，包括毕昇文化、红色印刷文化等在内的中国印刷文化，将为全行业谱写新时代印刷业发展的新篇章提供强大信心和底气。当前，印刷文化领域有些成就需要深入挖掘，有些问题需要通过实证和研究形成共识。因此，我们要运用新发现、新思维、新技术、新方法，加快形成更丰富的印刷文化成果，展示印刷战线的文化自信，提升我国印刷文化的影响力和感召力。

2. 弘扬中国印刷文化蕴含的宝贵精神，推动新时代我国印刷业高质量发展

党的二十大强调，高质量发展是全面建设社会主义现代化国家的首要任务。在此背景下，印刷业作为传统制造业，亦承担着加快建设世界一流企业，加快建设制造强国、质量强国，实现高端化、智能化、绿色化发展，构建新的增长引擎等目标的任务。目前，印刷业任务还十分艰巨，面临着诸多挑战。因此，我们要激活优秀印刷文化的生命力和时代内涵，特别是敢为人先的创新精神、精益求精的工匠精神、爱岗敬业的劳模精神、勇于奋斗的开拓精神，将其转化为促进高质量发展的重要力量。我们要高举旗帜，服务好党的宣传思想工作，着力破解制约产业高质量发展的技术瓶颈，持续推进产业数字化、智能化改造升级，不断提高印刷供给质量体系水平，实现中国印刷业高质量发展。2023 年 7 月，中央宣传部（国家新闻出版署）在山东济南举办 2023 中国印刷业创新大会，大会强化政策服务引领，打造发展促进平台，共同探讨推动印刷业高质量发展的内涵。

3. 传承中国印刷文化服务人民的根本宗旨，更好丰富人民精神世界

中国印刷文化是印刷技术与社会文化需求千年互动发展的结晶。从古至今，印刷技术一直伴随着中国文化的发展，为人们的生活和文化传承做出了巨大贡献。唐代大诗人白居易的诗本经过"缮写模勒"，已经"处处皆见"，在民间广为流传；革命战争年代的印刷厂则是"制造精神炮弹的兵工厂"，鼓舞着人民群众的斗争精神；如今，随着数字化技术的快速发展，印刷行业也正在发生着翻天覆地的变化，数字化印刷技术能有效满足个性化、精细化、体验式的新需求。在建设文化强国的新征程上，印刷战线要坚持以人民为中心的发展思想，坚持质量第一、效益优先，不断提高供给品质；多推出设计精美、简约大方的适读、耐品、实用的印刷产品，不断增强印刷产品的吸引力、感染力；加快发展按需印刷、创意设计、综合服务，为人民群众提供更多选择。

中国印刷文化是中华民族文化宝库中不可或缺的一部分。未来，随着科技的不断进步和社会需求的不断变化，印刷行业也将不断迎来新的挑战和机遇。习近平总书记强调，一个民族的复兴需要强大的物质力量，也需要强大的精神力量。深入挖掘印刷文化的时代内涵，坚持人民至上，坚持精益求精，弘扬创新精神，印刷战线一定能为产业高质量发展和文化强国建设注入强劲动能。让我们共同期待中国印刷文化在未来能够继续为中华民族的文化传承和发展做出更大更好的贡献。

二、英山县传承弘扬毕昇文化的创新发展之路

刘礼堂[①]

英山县地处大别山腹地，鄂皖边陲，乃鄂东门户，宋咸淳六年（1270）置英山县，以境内英山得名，素有荆杨大道、吴楚咽喉、江淮要塞、皖鄂通衢之称。英山人杰地灵、物华天宝，文化底蕴深厚，是湖北省首批文化先进县、远近闻名的"作家县"。毕昇文化、黄梅戏文化、茶文化、大别山民俗文化已成为英山特色文化名片。英山还是鄂豫皖革命根据地的重要组成部分，红色文化在这片土地上谱写了光辉的历史诗篇。

英山县是活字印刷发明者毕昇的故乡，活字印刷是我国印刷史上的伟大成就。毕昇初为杭州书肆刻工，专事手工印刷，在印刷实践中，毕昇认真总结了前人的经验，于北宋仁宗庆历年间（1041—1048）发明活字印刷术，但其法未及推行即卒。这种印刷技术用胶泥刻字，火烧令坚，然后把字固定在铁板上用来印刷，可反复使用，简便易行。毕昇创造发明的胶泥活字、木活字排版，是中国印刷术发展中的一个根本性的改革，是对中国劳动人民长期实践经验的科学总结。毕昇活字印刷术不仅在中国得到广泛应用，在世界范围内也产生了深远影响，对中国与世界各国的文化交流做出了伟大贡献，大大提高了印刷效率，促进了知识的传播和文化的繁荣。毕昇的发明被认为是印刷史上的一项伟大成就，它不仅改变了印刷业的面貌，还对人类文化进程产生了深远影响。

党的二十大报告提出"加大文物和文化遗产保护力度，加强城乡建设中历

---

① 刘礼堂，武汉大学长江文明考古研究院院长。

二、英山县传承弘扬毕昇文化的创新发展之路

史文化保护传承"。毕昇发明的活字印刷术是英山最具开发潜力的历史文化遗产之一,是英山得天独厚、独一无二的"金字招牌"。文物和文化遗产承载着中华民族的基因和血脉,是不可再生、不可替代的中华优秀文明资源。把文物保护好、传承好、利用好,是坚定历史自信、传承中华文明的实际行动,是推动文化自信自强、铸就社会主义文化新辉煌的重要内容。

毕昇是我国古代伟大的科学家,其发明的活字印刷术,对中国古代科技和文化的发展做出了巨大贡献。毕昇所留下的遗产不仅是具有重要历史价值的物质遗产,更是具有深远影响的非物质文化遗产。英山县要赓续历史文脉,传承弘扬毕昇文化,可从以下三个方面入手。

一要全面加强毕昇遗址、遗物的保护利用。保护毕昇文化遗产需要从多个方面入手。一方面,要加强遗址、遗物的实地保护。对于毕昇所留下的实物遗迹,可采取科学严谨的保护措施,防止被自然环境或人为因素所破坏。另一方面,要加强文物修缮和保养工作。对于已经损毁或老化的文物,需要采取适当的修缮和保养措施,以确保能够长期保存。

二要坚持创造性转化、创新性发展。毕昇文化遗产具有重要的历史价值和现实意义,可通过创新性的思维和方法,将毕昇文化遗产转化为具有现实意义的资源,通过开发毕昇文化旅游产品、打造毕昇文化品牌等方式,将毕昇文化遗产与当地旅游业、文化产业相结合为地方经济和社会发展注入新动力。

三要深挖非物质文化遗产价值,为传承中华优秀传统文化、推进文化自信自强提供旺盛活力。

三、弘扬毕昇精神　推动中国印刷产业高质量发展

刘轶平[①]

文化是民族的精神命脉，文化自信是更基础、更广泛、更深厚的自信，是一个国家、一个民族发展中最基本、最深沉、最持久的力量。作为一个拥有五千年文明史的国家，中华民族拥有着丰富的文化遗产和优秀的传统文化。这些文化遗产和传统文化不仅是中华民族的精神财富，也是中华文明的重要组成部分。在当今世界文化多元化的背景下，保护和传承中华民族的优秀传统文化，不仅有助于中华文明的传承和发展，也有助于世界文化的多元发展。习近平总书记在党的二十大报告中提出"推进文化自信自强，铸就社会主义文化新辉煌"的重大任务，就"繁荣发展文化事业和文化产业"做出部署安排，为做好新时代文化工作提供了根本遵循、指明了前进方向。在全国上下深入贯彻落实党的二十大精神之际，首届毕昇文化论坛的召开恰逢其时，对弘扬中华优秀传统文化，增强中华文明传播力、影响力，推动文化产业实现高质量发展产生重要意义，也将进一步为推进社会主义文化强国建设贡献经验。

北京科印传媒文化股份有限公司（以下简称"科印传媒"）隶属于国资委央企中国国新集团旗下中国文化产业发展集团，脱胎于拥有 60 余年历史的中国印刷科学技术研究院，在印刷包装、文化出版及设计、文化 IP、文化教育领域形成了完整的产品服务体系，具有高度的产业影响力和专业的市场运营能力，并先后投资成立汉仪字库、文化发展出版社、上海科印文化传媒、北京科

---

① 刘轶平，北京科印传媒文化股份有限公司董事长、总经理。

三、弘扬毕昇精神　推动中国印刷产业高质量发展

印元培科技等公司。作为从事文化产业的国家队一员，科印传媒将深入贯彻党的二十大精神，践行央企责任担当，发挥在印刷包装领域权威服务平台的优势，与各位同人一起，为推动文化事业、文化产业发展积极贡献力量。

毕昇活字印刷术是中国古代四大发明之一，是世界印刷史上的一次伟大革命，它为中国文化经济的发展开辟了广阔的道路，为推动世界文明的发展做出了重大贡献。毕昇活字印刷术的诞生，标志着中国印刷技术的重大突破。在此之前，中国的印刷技术主要依靠手工雕版，效率低下，成本高昂。毕昇活字印刷术的出现，使得印刷速度大大提高，成本也大幅度降低。这项技术的推广，不仅使得书籍的出版更加方便快捷，也为知识的传播提供了更加便利的渠道。

毕昇精神，象征着科技创新精神，从铅与火，到光与电，再到数与网，中国印刷技术在一代又一代人的接续奋斗与传承下，持续革新，走在时代前沿。如今，随着数字技术的发展，印刷技术也在不断地向数字化、智能化、融合化方向发展。这些新技术的应用，不仅提高了印刷品质和效率，也为印刷业开拓了更广阔的市场空间。印刷让思想跃然纸上，促使文化薪火相传。印刷与人类文明同生共长，与点滴生活息息相关。在当今数字时代，虽然电子书籍等新型阅读方式不断涌现，但印刷品质和阅读体验仍然是无法替代的。因此，中国印刷业作为文化产业的重要组成部分，正以新发展理念为引领，加快绿色化、数字化、智能化、融合化发展，产业规模持续扩大，产值规模位居世界第二，正从印刷大国向印刷强国稳步迈进。

本次毕昇文化论坛汇聚众多由全国各地奔赴而来的印刷企业家代表，大家怀着"寻根朝圣"的心情，寻访文化古迹，瞻仰毕昇风采，在这里不仅能找到事业的情怀与价值，筑牢文化自信，坚定产业自信，还能更深刻地感受到印刷人的使命与担当，巩固阵地、传承文化、服务人民。科印传媒的发展亦将与习近平总书记对文化事业的宏伟蓝图同频共振，将与人民群众对文化生活的美好期待同向共进，我们将以推动印刷包装产业高质量发展为己任，打造一流的产业服务平台，与行业同人携手同行，共创印刷行业美好未来。

未来，中国印刷业将继续秉承毕昇精神，不断推进技术革新和产业升级。同时，也将积极探索新型文化产业模式，推动文化产业高质量发展。相信在中国印刷产业人才的共同努力下，中国印刷业将继续保持强劲发展态势，并为中国文化的传承和发展做出更大贡献。

四、毕昇法胶泥制字工艺实证研究

赵春英[①]　尹铁虎[②]

摘要：毕昇作为活字版印刷术发明的鼻祖，其泥活字印刷工艺一直受到国内外相关领域专家、学者的关注与研究，关于此类内容的著述不少，大多是从文献、历史等角度分析研究。本文拟从实证研究角度解析、验证关于泥活字版印刷术中泥活字的原材料、成分和强度问题，以及泥活字是否易碎、是否能印刷等观点。通过实证研究的方式，用实证数据阐释烧制后的泥活字有与木活字相当的硬度与耐印强度。证明毕昇发明活字版印刷术是适用的，活字版印刷术的根在中国，毋庸置疑。

关键词：毕昇；胶泥活字；抗压强度；耐印率

北宋政治家、科学家沈括在其所著的《梦溪笔谈》卷十八技艺门类里，用301个字详细记录了布衣毕昇发明活字版印刷术的制字、排版等工艺过程。本文拟从实证研究角度解析、验证关于泥活字印刷术中泥活字的原材料、成分和强度问题。

1. 胶泥制备与化学成分

（1）胶泥制备。

由"胶泥刻字"四个字所知，活字版印刷工艺中制备活字的原材料为"胶泥"。那么"胶泥"是如何获得的呢？

[①] 赵春英：中国印刷博物馆研究馆员。
[②] 尹铁虎：北京印刷学院副教授。

四、毕昇法胶泥制字工艺实证研究

"胶"（膠）字在《说文解字》中从肉字旁，解释为"黏性强的物质，用兽皮煮制而成"。因此，"胶泥"可以理解为黏性强的泥土。《现代汉语词典（第6版）》对"胶泥"的解释为"含有水分的黏土，黏性很大"。从字面上可以理解"胶泥"肯定是要有一定黏性的，但在实际应用层面上，这种有黏性的泥土该如何获得？张秉伦、刘云在《泥活字印刷的模拟实验》一文中写道："……直接利用淮南八公山黏土（其实，别地黏土也是可用的，我们只是就便使用了雕塑家从八公山运来的黏土……）。"[1] 结合此观点，可以推断布衣毕昇制作胶泥活字的原材料应该是取用方便，价格低廉的黏土。同时，也可推测出黏土应该是不分地域、不分深浅层的。但这些黏泥并不能直接使用，而是需要通过去除杂草、沙砾等杂质的加工过程，才能制备质地细腻、黏性适合的胶泥。基于这种推断并验证推断的可行性及确定性，在实证研究过程中，制作胶泥工艺过程为：①选取不同地域和不同层深的黏土（见图1）；②捣碎泥块

图1 不同地域的黏土

---

[1] 张秉伦、刘云：《泥活字印刷的模拟实验》《活字印刷源流》，印刷工业出版社1990年版。

成粉状（见图2）；③筛去杂草和树叶等杂物；④黏土是加水搅拌和成泥浆，再次过滤泥浆中的杂质并沉淀（见图3）；⑤沉淀后的泥浆放在阴凉处自然脱水（见图4）；⑥脱水至泥浆变成泥膏状（以在手里揉捏不黏手为佳）（见图5）；⑦胶泥制作完成备用。在制作胶泥过程中，特别要注意的是对黏土中杂草和沙砾的去除。杂草的去除先采用筛漏方法筛去大的杂草，然后再将黏土溶入水中，搅拌使细草浮出水面再倒出。在沙砾去除过程中，采用的方法是将泥浆倒在棉质纱布（蒸馒头用的屉布）上面，通过摇动纱布漏过泥浆，将沙砾隔离在纱布上面。泥浆通过沉淀，澄去上面的清水，留下稀泥，待阴凉处失水制成泥膏。通过这种方法制出的胶泥，黏性增大，结合紧密，做成字坯后，在字坯上雕刻文字，不会因为胶泥中含有杂草或沙砾而出现笔画断道的现象，保证刻字的质量。

图2　捣碎黏土 　　　　　　　图3　加水搅拌和成泥浆

图4　稀泥脱水 　　　　　　　图5　揉捏泥膏

在实验过程中，我们采用同样的方法对6种黏土进行了胶泥的制备，实验结果证明这6种黏土均可以制成适合雕刻文字的胶泥。由此可以断定，泥活字

四、毕昇法胶泥制字工艺实证研究

版印刷术中的"胶泥"是以取用方便的黏土为原料,经过去除杂草、沙砾等杂质,加水和浆、脱水、揉拣去除气泡等制作出来的有一定黏度的黏土,并且不分地域。

(2)胶泥化学成分。

泥土在日常生活中已是司空见惯,对于每个人来说都不陌生。以黏土为原料,经过火烧制作出的陶、瓷等日常用品和工艺品也随处可得。尤其北宋布衣毕昇又开创性地制作了泥活字用于印刷书籍,传播文化知识。那么,这么普通的黏土能制出这么神奇的物品,它到底具有怎样的魔力,是由哪些化学成分组成,各地黏土化学成分又是否相同?烧制温度又是怎么样呢?

为了回答这些疑问,在实证研究过程中,我们共选取了9种黏土进行成分测试,测试单位为唐山市卫生陶瓷厂(见图6),并且每种黏土均附有测试报告(见图7)。

图6 唐山市卫生陶瓷厂车间

图7 各种黏土化学成分测试报告

这 9 种黏土及其化学成分测试结果见表 1。

表 1 9 种黏土及其化学成分测试结果

序号	黏土类型	化学成分							
		SiO_2	Fe_2O_3	Al_2O_3	TiO_2	CaO	MgO	K_2O	Na_2O
1	北京大兴深层黏土	49.75	3.33	14.26	1.08	8.40	6.07	2.90	1.23
2	北京大兴浅层黏土	43.76	2.91	26.67	0.63	5.03	4.94	2.75	0.75
3	北京延庆黄土	56.58	1.55	12.28	1.34	5.98	4.34	3.99	2.76
4	北京延庆红土	62.74	1.83	13.97	1.01	5.80	4.49	2.77	2.01
5	北京延庆黑土	62.69	1.97	14.74	0.67	3.39	4.83	2.57	1.85
6	银川西夏王陵墓黄土	59.81	1.59	12.40	0.87	5.43	6.22	2.57	1.44
7	江苏常熟地表黑土	66.03	2.54	15.18	2.34	1.53	2.85	2.60	1.27
8	甘肃武威黄红土	44.13	2.47	17.35	1.03	7.64	7.77	4.46	1.02
9	湖北英山黄土	56.69	4.07	21.07	1.72	1.93	2.53	1.95	0.95

从这 9 种黏土成分测试结果来看，其主要化学成分为二氧化硅（SiO_2）、三氧化二铝（Al_2O_3）、三氧化二铁（Fe_2O_3）、二氧化钛（TiO_2）、氧化钙（CaO）、氧化镁（MgO）、氧化钾（K_2O）和氧化钠（Na_2O），其中二氧化硅（SiO_2）含量最高，几乎占总量的 50% 左右，其次是三氧化二铝（Al_2O_3）占总量 20% 左右，其他化学成分均较少。同时，因黏土地域的不同，其各种化学成分含量也稍有差别，但差别不大。通过比较清代翟金生烧制的泥活字成分[1]（见表 2）可知，古今胶泥成分十分相似。这又从另外一个角度进一步印证，泥活字版印刷术中的"胶泥"是取用方便的黏土，经一定工序加工制得，并且不分地域。

表 2 翟氏泥活字的化学成分

化学成分	SiO_2	F_2O_3	Al_2O_3	TiO	MnO	Na_2O	MgO	K_2O	CaO
测定值（%）	54.50	9.58	26.68	1.06	0.08	1.08	1.93	2.43	0.26

---

[1] 张秉伦：《关于翟氏泥活字的制造工艺问题》《活字印刷源流》，印刷工业出版社 1990 年版。

2. 泥活字烧制温度研究与抗压强度测试

泥活字烧制温度如何也是制作泥活字的关键环节。合适的烧制温度既可以满足印刷时的吸水性能（因印刷时用的是水墨），又能保证印刷时的耐磨程度。经研究与实验表明，地表黏土与深层黏土的土质在形状有较大的区别。地表黏土松散，杂草较多，深层黏土结块状，沙砾较多。但从前文内容可知，无论是同一地域的地表黏土与深层黏土以及不同地域的黏土其化学成分基本相同，略有区别的是其相同化学成分的含量。因此，用不同地域的黏土烧制泥活字的最佳温度或许有所不同，但同一环境下的烧制温度差别不会太大，一般不超过±100℃。潘吉星先生在《中国金属活字印刷技术史》一书中指出："实际资料表明黏土材料在700～900℃煅烧后，吸水率可在5%～10%，适于作印刷用活字。因而毕昇胶泥活字烧成温度应在600～1000℃，600～800℃可能最为适宜。"[①]张秉伦先生在《关于翟氏泥活字的制造工艺问题》一文中谈道：清道光年间翟金生现存的泥活字（见图8），经建筑材料工业部地质研究所用差热分析法知其烧成温度为870℃左右[②]；张秉伦、刘云先生在

图8 翟金生泥活字实物

---

① 潘吉星：《中国金属活字印刷技术史》，辽宁科学技术出版社2001年版。
② 张秉伦：《关于翟氏泥活字的制造工艺问题》《活字印刷源流》，印刷工业出版社1990年版。

《泥活字印刷的模拟实验》一文中提到"为了掌握温度，我们把阴干的泥活字放在马弗炉中加以焙烧，烧成温度为 600℃，结果所有泥活字无一开裂现象，也不像一般人所想象的那样'非常脆弱，一触即破'，而是个个'坚贞如骨角'"[①]；扬州广陵古籍刻印社烧制泥活字的炉温经多方考察与访问，得悉传统砖窑的烧制温度为 950～980℃，传统瓦窑一般为 900℃，烧制温度则在 800℃左右即可。烧制砖瓦、泥盆所用原料均为黏土，但作为胎料使用各异。制瓦用泥料较之制砖一般要求精细，制盆用的胎料则比制瓦用料更为细腻、纯净。可见，原料相同的陶类制品，因其用途的不同而制作工艺要求有所不同，烧制温度也不一样。

毕昇泥活字个体高度一般在 1～1.5cm，最高不宜超过 1.5cm，应与翟氏制造的泥活字高度相似（见表 3）。为尽可能的反映和再现毕昇古法在正常情况下烧造泥活字的工艺，我们在批量烧制手工刻成的泥活字时，选取了传统的窑烧方法（见图 9）。实验证明，正常情况下胶泥活字的烧结温度在 800℃左右为最佳。现以取自北京大兴区黏土为原料烧出的泥活字为例说明，当烧制温度不同，其吸水率、抗压强度、摩氏硬度不同。同时，我们又对梨木活字进行了上述项目的对比实验。压缩强度实验由上海华龙测试仪器有限公司测试完成，测试设备为平面抗压测试设备（见图 10）。从抗压强度测试数据与折线图可知（见图 11），不同烧制温度的泥活字抗压强度不同。现择四种有代表性的测试结果进行比较（表 4）。

表 3　翟氏泥活字规格大小（平均值）

	一号泥方字（cm）	二号泥方字（cm）	三号泥长方字（cm）	四号泥方字（cm）	句号（cm）
长	0.90	0.70	0.75	0.50	0.60
宽	0.85	0.66	0.60	0.35	0.30
高	1.20	1.20	1.20	1.20	1.20

---

① 张秉伦、刘云：《泥活字印刷的模拟实验》《活字印刷源流》，印刷工业出版社 1990 年版。

四、毕昇法胶泥制字工艺实证研究

图9　北京延庆穴式馒头窑

图10　泥活字压缩强度检测

表4　抗压强度的测试结果

序号	活字种类（材质）	烧制温度 /℃	吸水率 /%	抗压强度 /MPa	摩氏硬度
1	泥活字	950 左右	8.4	84.28	6
2	泥活字	800 左右	17.2	52.96	5
3	泥活字	400 左右	20.0	37.14	3.5
4	木活字	无	16.5	58.71	5.5

400℃烧制的泥活字系经1000瓦电炉热源近距离试验烧制而成，为色红；经传统"馒头"窑800℃焖窑法烧成的泥活字为灰色，900℃以上为蓝黑色。

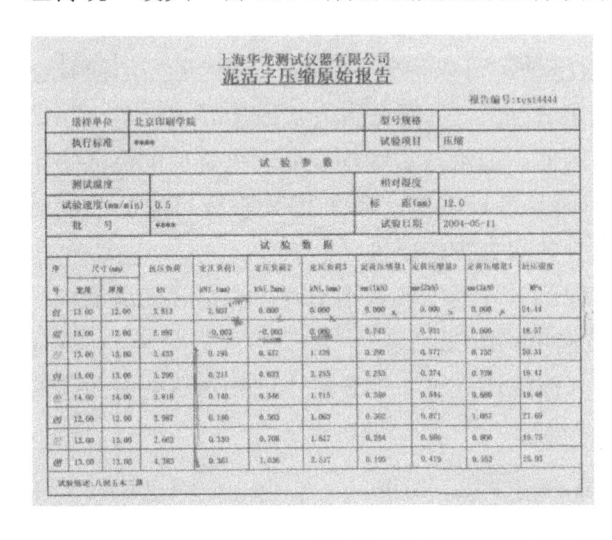

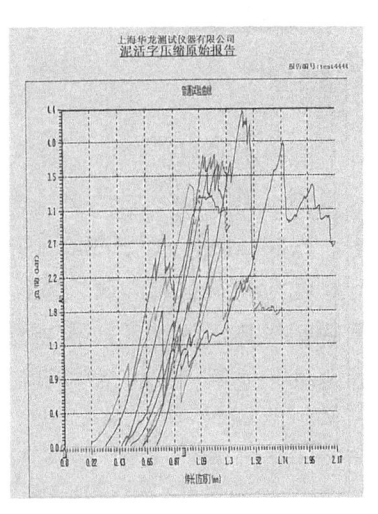

图11　抗压强度测试数据与折线图

从图 11 所示数据分析可知，泥活字烧制温度高，其硬度和抗压强度相对大，但吸水率相对低；烧制温度低，其硬度和抗压强度相对小，但吸水率相对高；通常而论，吸水率偏低会增加刷印难度和对用墨质量的要求；硬度和压缩强度偏低，则泥活字不够"坚"。据此，经综合性研究与实验后可推断：毕昇泥活字的烧结温度应与烧制泥盆的温度相近，当在 700～900℃，而以 800℃左右最为可能①。这个数值刚好与翟氏泥活字烧制温度接近。

3. 泥活字烧制后属性与耐印率

一般提到泥活字，往往会让人形成一种错觉，以为泥活字不耐用，也有少数学者对毕昇泥活字提出了种种疑问。例如，罗振玉认为"泥不能印刷"，胡适认为"火烧胶泥作字似不合情理，也许毕昇所用是锡类"②。因此，有必要先了解一下毕昇发明的活字术中的胶泥活字的属性，才能对泥活字有正确的认识。

胶泥活字经火烧后，实际上已成为陶活字，是土与火相结合所创造出的可用于印刷的产物，属陶类物的一种。制陶所用黏土在一定时间和一定温度的烧制下，会发生化学变化。从化学的角度看，黏土经过火的烧烤，会被某种程度的岩石化。故此，已经火烧的"陶"活字，其耐久性一般不会太差，从理论上讲，应该可以承受施墨和压印的需要，这与未火烧的泥活字有着本质的不同。沈括在《梦溪笔谈》中记载"昇死，其印为余群从所得，至今保藏"，这也可以印证泥活字经火烧后已很坚硬，可以保藏。此外，清代道光年间翟金生的泥活字，经火烧烤后"坚贞如骨角"，可谓是古人实践毕昇"土与火相结合"制得耐用泥活字的现存实物例证。理论与实践均表明，火烧后的泥活字不仅可用，其"耐久性"并不差，而且各地的黏土都能用来制成可用的胶泥活字。因此，经火烧后的泥活字已具备陶类物的属性。

泥活字具有陶的属性后，质地已十分坚硬，且不易碎。沈括《梦溪笔谈》记载：毕昇泥活字的制作方法是先用"胶泥刻字"，然后"火烧令坚"。清代翟金生在他用自制泥活字印制的《泥板造成试印拙著赋十韵》对这些泥活字的

---

① 尹铁虎、赵春英、姜福强：《纪念毕昇发明活字印刷 960 周年——毕昇胶泥制字工艺研究》，《中国印刷》2004 年第 5 期。

② 张秉伦：《关于翟氏泥活字的制造工艺问题》《活字印刷源流》，印刷工业出版社 1990 年版。

四、毕昇法胶泥制字工艺实证研究

强度形容为"坚贞如骨角"。那么，这些烧制后的活字是否真的很坚硬，是否可以适于印刷呢？

为了验证泥活字的耐印率，我们采用大兴黏土800℃烧制的泥活字进行刷印实验。此实验请的是荣宝斋印刷非遗传承人依据刷印木雕版的方法进行刷印（见图12）。在刷印500张以后，泥活字印品的清楚度没有什么变化，线条也没有出现断裂现象，泥活字基柱没有磨损。因此，照此再刷印几千张是没有什么大问题的（见图13）。这足以证明泥活字的耐印性强，耐印率很高。正如沈括所说："若印数十百千本，则极为神速。"从实践过程中也可以得到验证，仿毕昇法制作的泥活字，印刷数十百千本也没有任何问题。

图 12　泥活字版刷印实验

图 13　泥活字印版及刷印品

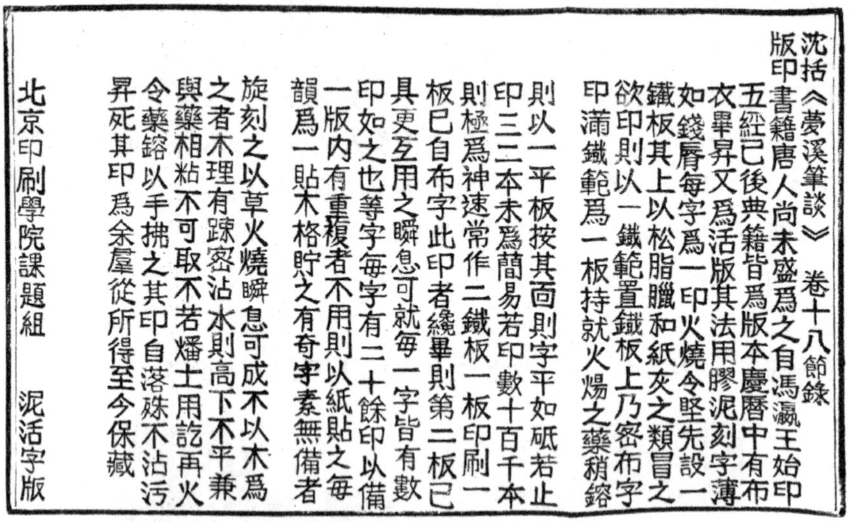
沈括《夢溪筆談》卷十八節錄
版印書籍唐人尚未盛爲之自馮瀛王始印五經已後典籍皆爲版本慶曆中有布衣畢昇又爲活版其法用膠泥刻字薄如錢脣每字爲一印火燒令堅先設一鐵板其上以松脂臘和紙灰之類冒之欲印則以一鐵範置鐵板上乃密布字印滿鐵範爲一板持就火煬之藥稍鎔則以一平板按其面則字平如砥若止印三二本未爲簡易若印數十百千本則極爲神速常作二鐵板一板印刷一板已自布字此印者纔畢則第二板已具更互用之瞬息可就每一字皆有數印如之也等字每字有二十餘印以備一版內有重複者不用則以紙貼之每韻爲一貼木格貯之有奇字素無備者旋刻之以草火燒瞬息可成不以木爲之者木理有疏密沾水則高下不平兼與藥相粘不可取不若燔土用訖再火令藥鎔以手拂之其印自落殊不沾污昇死其印爲余羣從所得至今保藏
北京印刷學院課題組　泥活字版

图 13　泥活字印版及刷印品（续）

4. 实证研究过程中存在的缺陷

在实证研究过程中，当时由于多种客观因素和主观经验不足，对毕昇法的研究还存在以下两点缺憾。

一是草火烧制泥活字的研究存在缺憾。沈括《梦溪笔谈》记载：“有奇字素无备者，旋刻之，以草火烧，瞬息可成。”这段文字说明了遇到特殊情况下的泥活字烧制方法。那么“草火”为何种草的火，这种烧制方法是用火焰烧制，还是“草火”堆内的余热进行烧制，在这个问题上，我们没有深入研究。当时只是放在电炉上烘烤，结果是爆裂情况较多，少量可以完成，且能应对暂时的印刷，但在强度和耐印率方面都不理想。

二是在泥活字字体选择方面存在缺憾。泥活字的雕刻较木活字有难度。泥字坯太干，雕刻时线条容易断裂；泥字坯太湿，捏在手上又容易变形。虽然当时我们通过反复实践，找到了既适合雕刻又捏在手上不变形的泥字坯硬度，但我们却忽视了泥活字字体的选择。至少现在实证研究成果所使用的字体，在宋代时或许并不存在。

或许还有其他缺憾，是我们没有发现的，也希望各位学者提出宝贵意见，在我们今后重新试验时予以弥补。

5. 结语

本文从胶泥制备、化学成分分析、火烧温度、火烧后的属性和强度等角度，以理论研究与科学实验的方法，证明毕昇发明的活字版印刷术是科学且实用的，他的伟大发明开创了活字版印刷术的新纪元。活字版印刷术的根在中国。

五、武英殿聚珍本之内外聚珍考

刘甲良[1]

摘要： 乾隆三十七年（1772），乾隆帝敕令编修《四库全书》，采取寓禁于征的政策，分所编书籍为应抄、应刻、应存三类。应刻之书为流传少、内容好且有资于教化者。《四库全书》副总裁金简董其事，鉴于种数浩繁，奏改雕版印刷为木活字印刷。乾隆帝认为活字名不雅驯，遂赐名为"聚珍版"。"内聚珍"可谓《四库全书》编纂的附生品，《四库全书》编纂完毕后即告谢幕，所存活字印刷设备移交武英殿修书处。此后武英殿修书处所印木活字本，则为武英殿聚珍版零种而不是武英殿聚珍版书了。为广布教化，颁"武英殿聚珍版书"于江南五省，令其翻刻流布，其翻刻本即为"外聚珍"。外聚珍刻书历经数朝，种数不尽一致。同时，内外聚珍在版式特征等方面也存有很多区别，需要深入探讨鉴别。

关键词： 内聚珍；外聚珍；木活字；种数

1. 缘起

活字印刷术最早见载于北宋沈括《梦溪笔谈》。但长久以来官府刻书多采用雕版印刷，活字印刷未受重视，鲜有应用。究其原因，一是雕版可反复刷印，活字随排随印，刻书量少未见活字便利之效；二是观念作祟，古时皆有正统之念，雕版印刷一直得官方采用，活字难入其眼[2]。而且，活字印刷技艺发展也需时日，直至清代才获得长足发展。其代表性成果，一是康雍时期的内

---

[1] 刘甲良，故宫博物院图书馆副研究馆员。
[2] 李国强：《清代泥活字印本》，《紫禁城》1991年第2期。

府铜活字印本,如《钦定古今图书集成》《御制数理精蕴》《律吕正义》《御定钦若历书》《妙圆正修智觉永明寿禅师心赋注》《御制宝筏精华》《金屑一撮》等①;二是乾隆朝木活字印本《武英殿聚珍版丛书》。

《武英殿聚珍版丛书》是编修《四库全书》的衍生品。乾隆三十七年(1772)乾隆帝诏令:"以翰林院旧藏《永乐大典》,详加别择校勘,其世不经见之书,多至三四百种……与各省所采及武英殿所有官刻诸书,统按经史子集编定目录,命为四库全书。"②次年二月,再次诏令:"其有实在流传已少,其书足资启牖后学,广益多闻者,即将书名摘出,撮取著书大旨,叙列目录进呈,俟朕裁定,汇付剞劂。其中有书无可采而其名未可尽没者,只须注出简明略节,以佐流传考订之用,不必将全部付梓。"③可见在编修《四库全书》之初,乾隆帝即有区分付梓与不付梓之意。

《四库全书》馆总裁大臣们接旨以后,即组成编纂班子,按皇帝要求分列出应抄、应刻、应存三类书籍。应抄之书是那些被认为合格的著作,可以抄入《四库全书》;应刻之书是那些最好的著作,不仅抄入《四库全书》,而且还应另行刻印,以广流传;应存之书是被认为不合格的著作,不能抄入《四库全书》,而在《四库全书总目》中仅存其名,只列入存目。

金简奉命办理武英殿监刻事宜,管理《四库全书》刊刻、刷印、装潢等事宜。接旨后,他采用雕版的方式进行刊刻印制,共印制书籍4种:《易纬》8种12卷,《汉官旧仪》2卷(见图1),《魏郑公谏续录》2卷,《帝范》4卷,共21卷8册。此4种书因在聚珍版之前,故称初刻本。面对从全国各地汇集于京的各种采进本、进呈本及从《永乐大典》中所辑的数量繁多的各类书目,如若用雕版的方式,不仅"所用版片浩繁,且逐部刊刻亦需时日",于是金简于乾隆三十八年(1773)十月二十八日上奏:"臣详细思维,莫若刻做枣木活字套版一分,刷印各种书籍比较刊版工料省简悬殊。"奏折详细列举了刻字字数及人工费用,以及活字印刷的方法。"每百字工料需银八钱,十五万余字约需银一千二百两。此外做成木槽板,备添空木子以及盛贮木字箱格等项,再用银一二百两,已敷置办。是此项需银,通计不过一千四百余两。"继而以刷印《史记》为例,阐述活字印刷之经济:"即如史记一部,计版二千七百五十六

---

① 翁连溪:《清代内府刻书研究》,故宫出版社2013年版。
② 第一历史档案馆编:《纂修四库全书档案》,上海古籍出版社1997年版。
③ 《四库全书总目》卷首《圣谕》,台湾商务印书馆发行。

块，按梨木小版例价银每块一钱，共该银二百六十七两五钱。计写刻字一百一十八万九千零，每写刻百字，工价银一钱，共用银一千一百八十余两。是此书仅一部，已费工料银一千四百五十余两。今刻枣木活字套版一分，通计亦不过用银一千四百余两。"①两相比较，活字版确有"事不繁而工力省，似属一劳永逸"②。金简把永乐大典诗的活字套版样本随奏折一起呈递御览，乾隆帝始觉活字印刷"既不滥费枣梨，又不久淹岁月，用力省而程功速，至简且捷"③，因此御批"甚好，照此办理"④，并认为"活字版之名不雅驯，因以聚珍名之"⑤。获允后，金简即着手准备木活字摆印应刊之书。此为清内府木活字印刷之肇始，即内聚珍之缘起（见图2）。

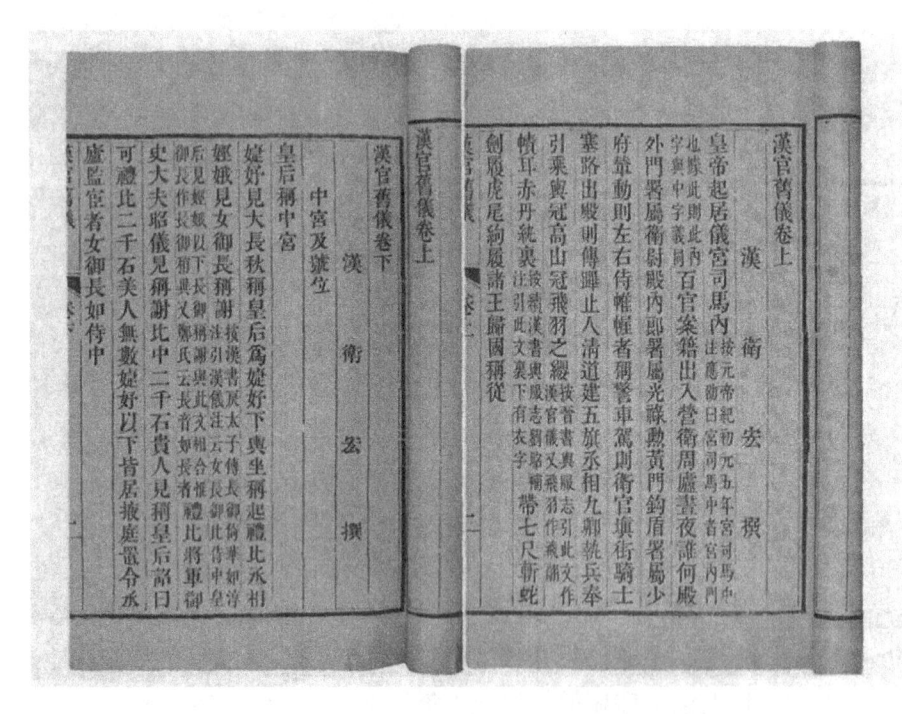

图1 《汉官旧仪》（乾隆三十八年武英殿刻本）

---

① （清）金简：《钦定武英殿聚珍版程式》，紫禁城出版社2007年版。
② 前揭《钦定武英殿聚珍版程式》。
③ 前揭《钦定武英殿聚珍版程式》书首《御制题武英殿聚珍版十韵》序。
④ 前揭《钦定武英殿聚珍版程式》。
⑤ 前揭《钦定武英殿聚珍版程式》书首《御制题武英殿聚珍版十韵》序。

五、武英殿聚珍本之内外聚珍考

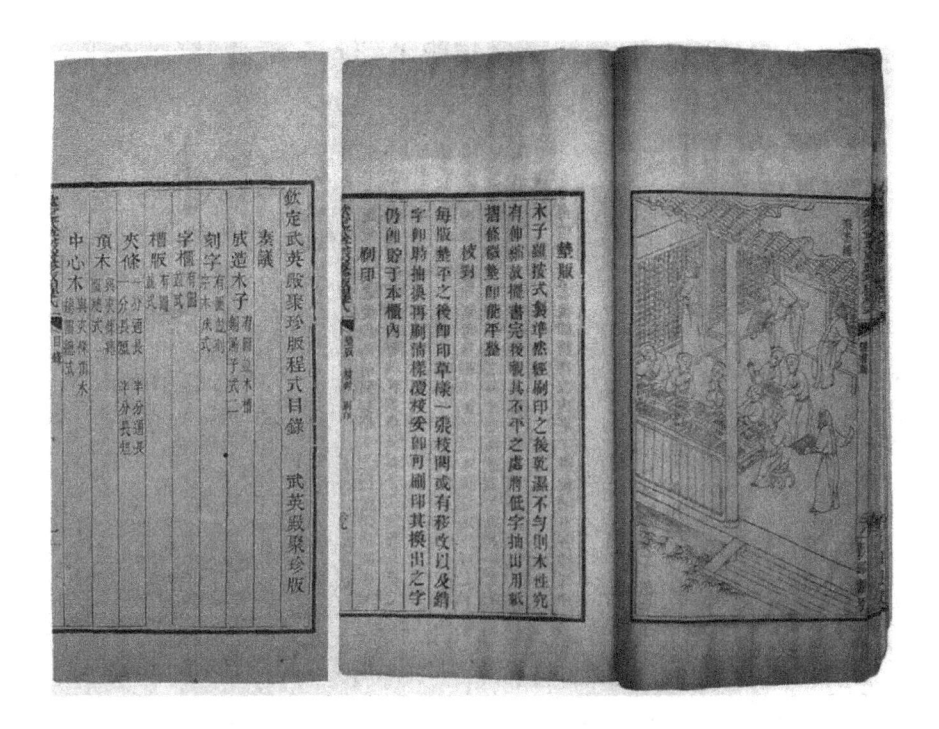

图 2 《钦定武英殿聚珍版程式》（乾隆四十一年内聚珍版）

至乾隆三十九年（1774），木活字摆印图书已有小成。是年十二月二十六日，王际华、英廉、金简谨奏："所有应用武英殿聚珍版排印各书，今年十月间曾排印《禹贡指南》《春秋繁露》《书录解题》《蛮书》四种。业经装潢样本呈览。今续行校得之《鹖冠子》一书，现已排印完竣。遵旨刷印连四纸书五部、竹纸书十五部以备陈设。谨各装潢样本一部呈览外，又刷印得竹纸书三百部以备通行……"① 聚珍图书除陈设外，每种刊印 300 部发行售卖。乾隆四十二年（1777），户部左侍郎董诰上奏："仰蒙圣明裁鉴，择其精当而罕靓，督武英殿聚珍版印行，俾海内操觚之士，得遂争先快睹之愿！但聚珍版设法之意，原期成功迅速，易于成书，是以臣等酌量，每种刷印除预备陈设外，俱以三百部为率，而近日闻风购买者甚多，所印之本尚不敷给。"② 世人纷纷购买，致使供不应求，而活字排印之书若再印需重排。

---

① 前揭《钦定武英殿聚珍版程式》。
② 第一历史档案馆编：《纂修四库全书档案》，上海古籍出版社 1997 年版。

当时修四库任务重时间紧，重新摆印几无可能。为满足世人需要，董诰又于乾隆四十二年（1777）九月初十日上书："查江南、江西、浙江、福建、广东五省，向来刊行书籍颇多，刻工版料亦较其他处为便。臣理合仰恳皇上天恩，准将现已摆印过各书，每省发给一分，如有情愿刊者，听其翻版通行，并请嗣后于每次进呈后陆续颁发照办。则远近购书较易，流传益广，其尚文崇古之盛于无既矣。"乾隆帝于是年九月十四日准奏，遂有江南五省翻刻武英殿聚珍版书之举。五省翻刻本后人亦称其为外聚珍。此处的江南省是时人的习惯称谓，实际上"江南省"早在康熙六年即已分为江苏和安徽两省，分省之后"江南省"省名仍长期存在并使用[1]。此处"江南省"确切应为江苏省，因其"外聚珍"卷后《恭记》署有"督刊苏州府知府"，更准确则应为苏刻本。

2. 种数

（1）内聚珍种数考。

关于武英殿聚珍版丛书的种数，学界一直存有争议。其中影响最大的是陶湘倡说的 138 种[2]，学界大多以此为准。此外还有 126 种、129 种之说。通过梳理最新的档案材料，笔者认为 129 种更接近《武英殿聚珍版书》的准确种数。

清代编纂的《钦定武英殿聚珍版书目录》，应是确定武英殿聚珍版书种数的重要依据。该目录目前所知藏于故宫博物院图书馆、国家图书馆和台北故宫博物院文献处。经核验，三个《钦定武英殿聚珍版书目录》皆是朱丝蓝抄本，四周双栏，白口，单鱼尾，版心书写"武英殿聚珍版书目录"，中记叶次。半页 8 行，行 21 字，小字双行也是 21 字。卷首有《御制题武英殿聚珍版十韵》有序（见图 3）。都著录经部 31 种、史部 26 种、子部 33 种、集部 39 种，共计 129 种，包括了金简初刻 4 种。

此外，《钦定武英殿聚珍版书目录》散见于清宫陈设档案中。如《清宫避暑山庄档案》载有清代各个时期避暑山庄的书籍陈设情况，列有详细的目录。嘉庆三年至五年（1798—1800）热河陈设档著录有《武英殿聚珍版书目

---

[1] 傅林祥：《江南、湖广、陕西分省过程与清初省制的变化》，《中国历史地理论丛》第 23 卷第 2 期，2008 年 4 月。

[2] 陶湘：《武英殿聚珍版书目》，《书目丛刊》，辽宁教育出版社 2000 年版。

五、武英殿聚珍本之内外聚珍考

录》一套，经核验，此套目录和现存的3种抄本的目录完全一致，都是129种。查道光十八年（1838）景福宫陈设档，发现景福宫亦陈有《钦定武英殿聚珍版目录》，此外所陈不仅有乾隆朝摆印的聚珍版书，也有嘉庆朝摆印的聚珍版书，如《农书》《西巡盛典》《尚书集解》等。光绪二十年（1894）五月二十六日，热河总管世纲等奏，查明文津阁并园内各殿宇书籍折所附清单，著录"《高宗钦定武英殿聚珍版目录》一部，一卷，缮本"①。1925年《故宫文物点查报告》登载景阳宫陈有"抄本武英殿聚珍版书目录"②，此书后汇集至寿安宫，即为故宫图书馆所藏至今。

综上，《钦定武英殿聚珍版书目录》至少在嘉庆初年开始已陈设于行宫园囿，四库七阁，以及宫内的宫殿，应在嘉庆初年以前已经编纂完成。经搜查档案，发现《武英殿修书处档案》载：嘉庆元年（1796）十月十三日奏，"查翰林院移付，易纬、易说共一百三十余种，前经臣等奏明五十卷以外交刻，五十卷以内交摆。本处陆续进过一百二十九种，荷蒙睿览，命编聚珍总目，灿然益彰。今又摆得尚书集解二十六卷。查计五十卷以内之书，业已全行完竣外，又恭摆十全集五十四卷，暨前经大学士等呈进万寿盛典一百二十卷，卷帙繁富，尤符巨观"③。档案提到的"本处陆续进过一百二十九种"进书，与现存抄本的目录也完全一致，这说明现存的《钦定武英殿聚珍版目录》确为乾隆帝钦定敕编的"聚珍总目"，且在嘉庆元年（1796）十月以前已经完成。

图3 《御制题武英殿聚珍版十韵》有序

---

① 前揭《纂修四库全书档案》。
② 《故宫物品点查报告》第二编第五册，景阳宫部分（15872，景阳官），清室善后委员会，1925年。
③ 《清宫武英殿修书处档案》第一册，故宫出版社2014年版。

至于《钦定武英殿聚珍版目录》的编纂具体始于何时，目前暂未查到明确的档案，只能从收录书的刊刻时间进行推测。张升通过比较《钦定武英殿聚珍版书目录》和《国朝宫史续编》所载的聚珍版书目录发现：《钦定武英殿聚珍版书目录》少了《诗伦》1种，而多了《诗经乐谱》《明臣奏议》《万寿衢歌乐章》《武英殿聚珍版程式》4种。《国朝宫史续编》所载的聚珍版书目录为126种，应是最初的摆印目录，有别于最终目录。据张升进一步考证，《钦定武英殿聚珍版目录》应"编于乾隆末年"①。对照档案，道光七年载懋勤殿南格子后格顶上陈设有聚珍版书130种和《钦定武英殿聚珍版书目》一套。通过和《武英殿聚珍版书目》对比，懋勤殿所陈武英殿聚珍版书多了《钦定四库全书考证》一部。而《钦定四库全书考证》约成书于乾隆五十四年（1789）。据此可推得，《钦定武英殿聚珍版目录》（见图4）编纂最迟在乾隆五十四年就完成了，这与四库全书的编修时间差不多。

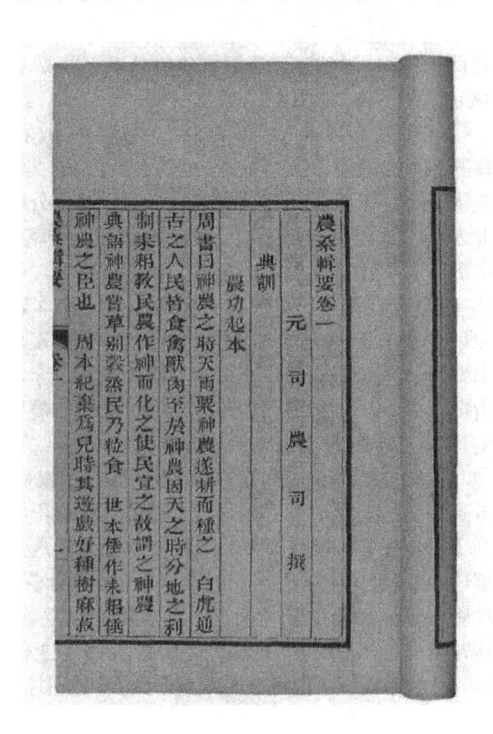

图4 《钦定武英殿聚珍版书目》

乾隆三十七年（1772）十一月，安徽朱筠提出辑佚《永乐大典》，从而引出了编纂《四库全书》的浩大工程。乾隆四十六年（1781）十二月，第一部《四库全书》终于抄写完毕并装潢进呈。又用近3年的时间，抄完3部，分贮文渊阁、文溯阁、文源阁、文津阁，这就是"北四阁"。从乾隆四十七年（1782）七月到乾隆五十二年（1787）又抄了三部，分贮江南文宗阁、文汇阁和文澜阁，这就是"南三阁"。乾隆四十八年（1783）六月二十日，大学士阿桂奏："武英殿修书处咨称：准聚珍版处称本处具奏，臣奏明应摆各书期与四

---

① 张升：《纂修四库全书馆研究》，北京师范大学出版社2012年版。

五、武英殿聚珍本之内外聚珍考

分全书后先蒇事。今四分全书于四十九年即可扫数全完，所有聚珍版各书应勒限四十九年全行告竣……现今应摆各书共计二万余版，若照常办理，尚需三年。今饬令承办各该供事并力排摆，统限于明年告竣。①"由此可见，聚珍版书和《四库全书》原计划都于乾隆四十九年（1784）完成，但摆书种类超过预定计划，需要延迟，计划延迟至乾隆五十年（1785）完成。

实际是哪年完成的呢？据档案记载："聚珍版处于乾隆五十一年馆务告竣，经该管大臣等缮折奏明。所有该管承办得通行书籍陆续收得价银……俱开造清册移送武英殿接续办理……自乾隆五十一年经本殿接办以来，今结至嘉庆六年六月……"②由此可知，至乾隆五十一年（1786）聚珍版处摆印图书才大致完成，后将印图书事宜移送武英殿办理。笔者未找到《钦定武英殿聚珍版目录》编纂的具体时间，初步推测应是在聚珍版处摆印图书完成后，乾隆帝敕令编纂的。这符合武英殿聚珍版书本就是编纂《四库全书》衍生品的说法。金简于乾隆三十九年（1774）上奏："……俟将来四库全书处交到各书按次排印完竣后，请将此项木子槽版等件移交武英殿收贮，遇有应刊通行书籍即用聚珍版排印通行。"③由此可见，金简在制作活字之时即有了对木活字作如何处理的打算了。武英殿承接聚珍版处摆印图书事务后，所摆印的图书都应算"武英殿聚珍版单行本"，而不能算作武英殿聚珍版书里去了。

业内不少学者认为，"武英殿聚珍丛书"应以乾隆五十九年（1794）金简去世为结点。如郭伯恭先生认为，"武英殿聚珍版丛书"的摆印时间范围应是乾隆三十八年至五十九年（1773—1794）。④但笔者认为，武英殿聚珍版应以聚珍版处摆印、皇帝钦定为标准，伴随《四库全书》的完成而告一段落。按此计算，"武英殿聚珍版丛书"则为129种。

（2）外聚珍种数。

乾隆四十二年（1777）九月十四日，乾隆帝准奏户部左侍郎董诰上书后，武英殿修书处发咨文于东南五省，并颁给摆印好的内聚珍书任其翻刻流通。浙江巡抚王亶望于乾隆四十三年（1778）正月初九日奏："排印得《直斋书

---

① 中国第一历史档案馆藏军机处档案（档号：02-01-03-075-018）。
② 前揭《清宫武英殿修书处档案》第一册。
③ 前揭《钦定武英殿聚珍版程式》。
④ 郭伯恭：《四库全书编纂考》，岳麓出版社2010年版。

录解题》（见图5）等书三十九种，颁发到臣。"①福建巡抚福冈于乾隆四十四年（1779）十二月初一日上奏："随奉分发《直斋书录解题》等书三十九种到闽，当经前抚臣饬司议定章程，委员设局如式刊刻，并经督臣三宝于署抚任内随时督催。兹据委员刊刻完竣，并按大中小州县分别颁发，核计应需一千四百余部，均已刷印齐全，由司具详送验前来……发到《蒙斋集》等书十五种，臣现饬上紧刊刻，务期程功迅速，多多刷印，使秘籍遍传于闽峤，不啻家有赐书，以仰副圣主稽古右文之至意。"②可见，接到内聚珍书后，江南五省纷纷如式开雕，但各省有其具体情况，刊刻的种类和次数也有较大不同。

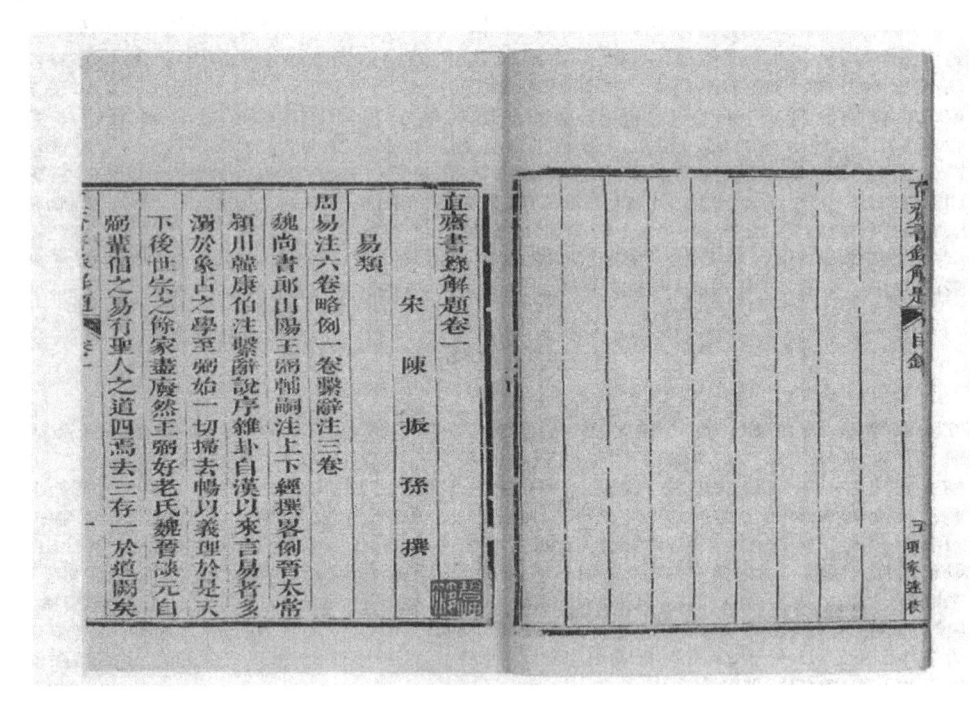

图 5 《直斋书录解题》（外聚珍版）

江南五省翻刻种数和次数最多的当推福建，也就是闽刻本。自乾隆四十二年（1777）如式开雕后，又于道光八年（1828）、二十七年（1847），同治七年（1868）、十年（1871）和光绪年间修补翻刻，最后竟误补进非内聚珍丛

---

① 前揭《纂修四库全书档案》。
② 前揭《纂修四库全书档案》。

书，共翻刻149种。广东于光绪二十五年（1899）也照闽刻本刊刻了这部丛书，149种2940卷。江西书局为同光中兴期间兴起的官书局，以发展国学教化百姓为由，刊刻了大量传统古籍，于同治十三年（1874）重新刊刻了武英殿聚珍版丛书54种424卷，《中国丛书综录》有详细著录。苏州和浙江在乾隆四十二年（1777）后陆续刻印出版，浙江刻印了39种286卷，见载于《中国丛书综录》。

苏刻本具体刻印多少，目前仍存有争议，《中国丛书综录》并没有收录。光绪二十年福建布政使张国正跋福建重修本曰："江南所刊，板式同浙，共计若干，未睹其全……"① 陶湘《武英殿聚珍版书目》中言："考乾隆四十一年九月颁发聚珍版于东南各省并准所在镂木通行，一时承命开雕者江宁刻八种，浙江刻三十八种（均袖珍式年）。"② 所言江宁刻八种，即为苏刻本。李致忠《历代刻书考述》亦沿用此说。但南京图书馆的周蓉明确指出："苏州县具体刻印了多少一直没有定说，据估计在二十种以上……南京图书馆现存苏州本计十八种一百二十九卷。"③ 从浙刻本书后《恭记》看出，浙刻乃迎接皇帝南巡装点行宫所刻。之所以刊刻39种，是因为聚珍书是分批颁发，当时只颁发了39种。武英殿聚珍版书为钦颁书，翻刻是奉命遵行，装点行宫无疑带有邀功迎合之意，作为地方官是不敢随意多刻或少刻。苏州也是皇帝南巡所经之所，所刻种数和浙刻本应在伯仲之间④。当然这一结论也只能是推测，各省的具体情况不同，其刊刻种数不尽相同。北京大学图书馆的马月华先生利用馆藏又找到了苏刻本外聚珍28种⑤，是目前为止确认苏刻本最多的成果。但苏刻本到底刻有多少种，尚需进一步挖掘。

3. 鉴别

《武英殿聚珍版书》的鉴别，主要集中在"内聚珍"中央刻本、"外聚珍"地方刻本及五省版本间的区别上。要进行区别，首先需了解不同版本的

---

① 清光绪二十一年（1895）福建本"外聚珍"张国正跋文。
② 陶湘：《武英殿聚珍版书目》，《陶辑书目》，民国二十五年武进陶氏铅印本。
③ 周蓉：《浅谈武英殿聚珍版丛书的异同》，《图书馆论坛》1998年第2期。
④ 曹红军：《清〈武英殿聚珍版丛书〉及其翻刻本的鉴别》，《古籍研究》2004年卷下（总第46期），安徽大学出版社。
⑤ 马月华：《略论苏州本和杭州本"外聚珍"》，《版本目录学研究》，2009年。

技艺。众所周知，《武英殿聚珍版书》的前四种《易维》8种12卷，《汉官旧仪》2卷，《补遗》1卷，《魏郑公谏续录》2卷，《帝范》4卷为雕刻本，其余则为木活字摆印，"外聚珍"则是雕版印刷。武英殿聚珍版虽是活字印刷但有别于传统的活字印刷，传统的活字印刷大都由四边版框拼凑而成，拼接处或多或少总能看出缝隙。而武英殿聚珍版则是用"套格"完成，其印书用纸是事先印好的，用套版格子将版框、界栏、鱼尾等先刷好，正文再套印上。故大都版框完整，四角相连，界格两端与上、下栏线衔接严密，版心、鱼尾与两边格线紧密无隙。这是雕版印刷的特征，所以带来了一定的迷惑性。但鉴定是否为聚珍活字本，区分内外聚珍还是有迹可循的。对此，不少学者也做了一定的探讨。现在前人基础上杂糅己见，简单阐述鉴别依据。

（1）武英殿聚珍版印书用纸事先印好，故版框完整，无缝隙（见图6）。活字摆印好再进行印刷，实质上武英殿聚珍版算作套印。套印不可避免地有字压线的情况，如《牧庵集》《后山诗注》等都有此种现象，而这在雕版印刷里

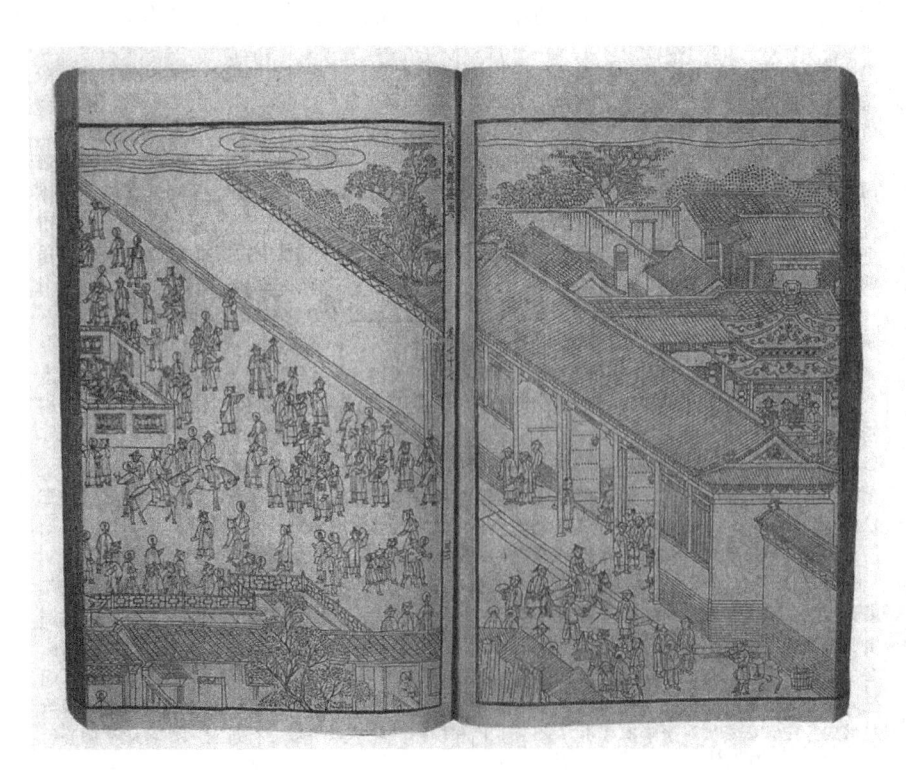

图6 《八旬万寿盛典》（乾隆五十七年内聚珍版）

五、武英殿聚珍本之内外聚珍考

几乎是不会出现的。即便没有压线，但有时字不居中明显偏向其中一栏。据金简于乾隆四十九年（1784）五月十二日上奏："……套版格子二十四块，各长一尺宽八寸厚一寸，每个工料银三十钱……"[1]可知武英殿聚珍版印书的套版格子只有24块进行轮转，长时间的使用，不可避免地对套版格子会有一定的损坏，有断裂现象。但因为是套印，所以就出现了武英殿聚珍版书所独有的"断版不断字的现象"，版断了而附近的字却完好无损。"外聚珍"则为雕版印刷，照式翻刻，有的是影印刻板，比如闽刻本，字体也有偏向其中一栏甚至压线情况出现，但刻锋明显。断版和附近的字一起断裂，合乎雕刻特征。

（2）武英殿聚珍版书印制精美，几乎可与雕版相混淆。但细看之下，仍具有活字本的一些特征：墨色不均，虽用墨精良，但因版面不够平整，无论如何处理也达不到刻本的程度，着墨总有或浅或深的现象；文字排列不整齐，参差错落，这是活字印本的通行特点。"外聚珍"因是雕版，虽影刻、仿刻有文字不齐等现象，但着墨总体均匀，鲜有浓淡不均现象。

（3）内外聚珍版式也不尽一致。"内聚珍"先刻的四种刻本为半页10行、每行21字，版框高约21厘米、宽约15厘米。武英殿聚珍版活字本为半页9行、每行21字，版框高约19厘米、宽约12厘米。白口，四周双边，小字双行同。大字为方形匠体字，小字细笔长方形。"外聚珍"福建本影刻，江西本仿刻，故此两种与"内聚珍"开本大小相近。广东本为高约17.5厘米，宽约11.5厘米。而浙江本、江苏本最小，高约13厘米，宽约9厘米，史称"苏杭缩本"或者"袖珍本"。其中浙江本（或者叫杭州本）改四周双边为左右双边，这是该本的一大特征。就字体而言，浙江本字体略扁，江苏本字体略微修长。其他则仿刻"内聚珍"字体。

（4）内聚珍皆冠以"御制题武英殿聚珍版十韵（有序）"。御制诗整版雕刻，预先刷印好，待活字叶子印竣，装订时置于卷首。而东南五省翻刻本多无此诗，以此判断是否殿本，是最为明确和简便易行的方法。福建翻刻本间有此诗，但普遍书品很差，字迹漫漶，墨色无光，字体也有别于"内聚珍"，比较容易区分开来。

（5）"内聚珍"目录后有四库馆臣所撰提要，署总纂官、纂修官编修姓名。福建、广东翻刻本照录，浙江、江苏、广东本则无。有些书本另刻有地

---

[1] 前揭《钦定武英殿聚珍版程式》。

方刊校署名，如浙本《易纬通卦验》跋文后刻有闽浙总督、浙江巡抚署名及"督刊杭州府知府王隧"字样，江西本《魏郑公谏续录》版心加刻"宋炳垣校"等。

（6）纸墨有很大区别。"内聚珍"纸墨考究，墨色黑亮，所用纸张为连史纸和竹纸，连史纸所印图书主要用于宫殿园囿，竹纸所印图书主要用于流通以泽被世人。即便竹纸品质也佳，纸质厚实，帘纹较窄约为0.5厘米。"外聚珍"所用纸张则良莠不齐，远不及宫内用纸之万一。福建用本地所产竹纸，帘纹较宽约为1厘米。广东本则用本地所产的朱草纸南扣纸和本槽纸印刷，南扣纸色发黄，本槽纸色发白。

（7）据金简《钦定武英殿聚珍版程式》载："用楠木或松木做成条片，宽五分长五寸八分八厘厚一分，凡书内整行大字，靠整行大字即用此夹摆……"简单来说排版时需使用夹条进行分割，夹紧活字。"凡书有无字空行之处，必须嵌定方不引动，是谓顶木……"① 无论夹条和顶木的位置都低于文字面，但在印刷时因为纸张张力等原因，仍会留下夹条和顶木的痕迹。雕版印刷则无此现象。

（8）正文避讳与殿本处理方法有区别，各省的翻刻本也不尽相同。如康熙帝玄烨"玄"字，福建、江西、广东、江苏本都是缺末笔，浙江本都改为"元"；《直斋书录解题》中的《太玄经》，浙江本作《太元经》。避讳也是判断一书刊刻时间的重要依据，如避道光帝旻宁的"宁"、同治帝避讳载淳的"淳"字，根据避讳基本就可以判断出是何时期的翻刻本。

（9）乾隆三十九年（1774）四月二十六日王际华、英廉、金简奏："仰蒙钦定嘉名为武英殿聚珍版，实为艺林盛典，拟于每页前副版心下方列此六字。"这是馆臣们的美好愿望，实际囿于客观条件并没有实行，只是在每种书前皆冠以"武英殿聚珍版书"。王际华又奏："嘉惠艺林，必须排列精审，现在已责成原任翰林祥庆，笔帖式福昌专司其事，其原书样本尤须校对详慎。应请即于每页后副版心下方印某人校字样，裨益专其责成，自更不敢草率。"② 据张升研究，聚珍版书的分校官负责校对聚珍本底本（录副本）和校样。聚珍本一般会将校对官姓名印在版心后幅下面。至于卷末署校者或无校者署名的聚

---

① 前揭《钦定武英殿聚珍版程式》。
② 前揭《钦定武英殿聚珍版程式》。

珍本，则应该是四库闭馆后排印的。① 聚珍本每页后幅版心皆有校对官姓名，福建和广东本照录，纸张墨色与内聚珍相去甚远，可明显辨别。有的外聚珍翻刻本则刻有当地的校对官姓名，也是辨别的一个标志。

---

① 张升：《关于〈武英殿聚珍版书〉的三个问题》，《历史文献研究》总第 31 辑，2012 年。

六、英山毕昇　杭州活版

辜居一[①]

1. 毕昇与杭州

在未证实毕昇出生地为英山之前，他曾一直被误认为是杭州人。

对毕昇是否到过杭州的学术问题，大部分专家学者还是持肯定的态度，原因是北宋南迁与杭州再次定都后，杭州的雕版印刷业态已经达到巅峰状态，根据中国印刷史方面的研究成果，我们可以得知，宋代的杭州手工业发达，商业繁荣，又盛产纸张，具备发展雕版印刷业的有利条件，而杭州雕版印刷的良工齐聚，雕版技术久负盛名。北宋国子监除遍刻儒家经典外，还大量校刻史书、子书、医书、算书、类书、诗文总集。这些官方的监本虽然在都城汴梁（今河南开封）发行，但大多数版本在杭州进行雕版。比如王国维《两浙古刊本考》所称："浙本字体方正，刀法圆润，在宋本中实居首位。宋国子监刻本，若《七经正义》，若史、汉三史，若南北朝七史，若《资治通鉴》，若诸医书，皆下杭州镂版。北宋监本刊于杭者，殆居大半。"

加之北宋时，杭州不仅承担朝廷刻书，"市易务"等公私刻书也很多，这些都是毕昇级别的写手、雕工和印刷高手或由毕昇级别的写手、雕工和印刷高手创造的景象。

当然，最重要的原因还是北宋庆历年间，毕昇在杭州发明了胶泥活字印刷术。针对国外"胶泥活字印刷术是否真实可用"的追问，经过国内印刷和考古界人士多年的研究，已经用实证回应了对胶泥活字印刷术的各种质疑。例如，

[①] 辜居一，中国美术学院教授。

六、英山毕昇　杭州活版

在此次论坛前面发言的中国印刷博物馆的赵春英研究馆员就列举了不少实证。

写作《梦溪笔谈》的科学家沈括也是同时期杭州科技文化人物的代表，据传沈括的后人曾收藏有毕昇的"活版"，至今，人们都非常感谢杭州人沈括为毕昇记下了在杭州创造了胶泥活字印刷术的丰功伟绩。

2. 活版源流：捺印—活字—饾版

北宋除了官印，单色捺印的图形多为印章类小版。在民间一些传奇和演义中，就是这种印章类小版或者类似象棋这样的活动雕刻棋子曾经给了以毕昇为代表的雕版印刷的布衣们创造胶泥活字印刷术的启示，并以活字印刷术避免了整版雕刻印刷成本高、不易改动、循环利用率低等弊端。

接下来，中国印刷史告诉我们：活版印刷的新形式——饾版套印术是在明代万历年间，由安徽徽派刻、印工们研制，并于天启、崇祯年间（1621—1644）成熟起来的多版多色套印技术。现存最早用饾版套印的木版水印是吴发祥刊印于1626年的《萝轩变古笺谱》，而影响最大、印制最为精美的是胡正言刊行于1627年的《十竹斋画谱》和后来的《十竹斋笺谱》。

饾版套印术其实就是在当时雕版印刷界分版分色套印技术的纵深发展，只是比一般的分版分色套印技术要复杂得多，这种复杂性体现在印版分解得更为细致，数量更多，套版印刷次数也更多。由于一种色调需要一块印版，因此一件作品通常要刻制几块甚至几十块印版，印版大小形状不一，如江苏的饾饤食品，故称之为饾版。

3. 活字饾版在美院

活版印刷的新形式——饾版套印术不但给印刷业带来了新发展，也丰富了中国彩色木版年画和水印木刻艺术创作的技法宝库。中华人民共和国成立不久的20世纪50年代初期，活版印刷的新形式——饾版套印术开始进入了中国的美术院校的研究与教学领域，这些院校新成立的版画系的骨干教师被派往北京荣宝斋等处学习饾版套印术，浙江美术学院（现在的中国美术学院）为了传承和发扬以水印木刻艺术为主的饾版套印术，既开设了水印木刻的教学课程，又开办了西湖艺苑（水印木刻工坊），后来西湖艺苑的主要技术骨干被调整到版画系所属的紫竹斋工作室，由于师生们了解活版印刷的新形式——饾版套印术的文化意义，紫竹斋工作室的教学和科研活动得以存续到现在，为国内外培养了不少水印木刻艺术的人才。

同时，中国美术学院师生们运用活字印刷原理创作的独幅版画艺术作品经常在国内外展出，多次获得国内外艺术与印刷界人士的奖项和好评。师生们还非常注重关于活字印刷的"非遗"保护与传承的社会实践活动，我也曾经和版画系于洪老师带领同学们在浙江缙云实地考察和采风活字印刷族谱的全过程，并且当场用活字印刷原理集体创作版画艺术作品，这些作品在回校的社会实践活动课程的汇报展上，引发了有关领导和师生们的热评。

4. 运用活字印刷原理创作的一些独幅版画

从 2004 年开始，出于对毕昇创造活字印刷术的崇敬以及传承活字活版文化艺术的愿望，本人开始自费购置和自刻了许多大小不一的木活字（主要是木制会计专用的数字章），运用活字印刷原理，创作了的一些反映当代数字化环境下，人们以新的交流方式不断沟通彼此信息的独幅版画。

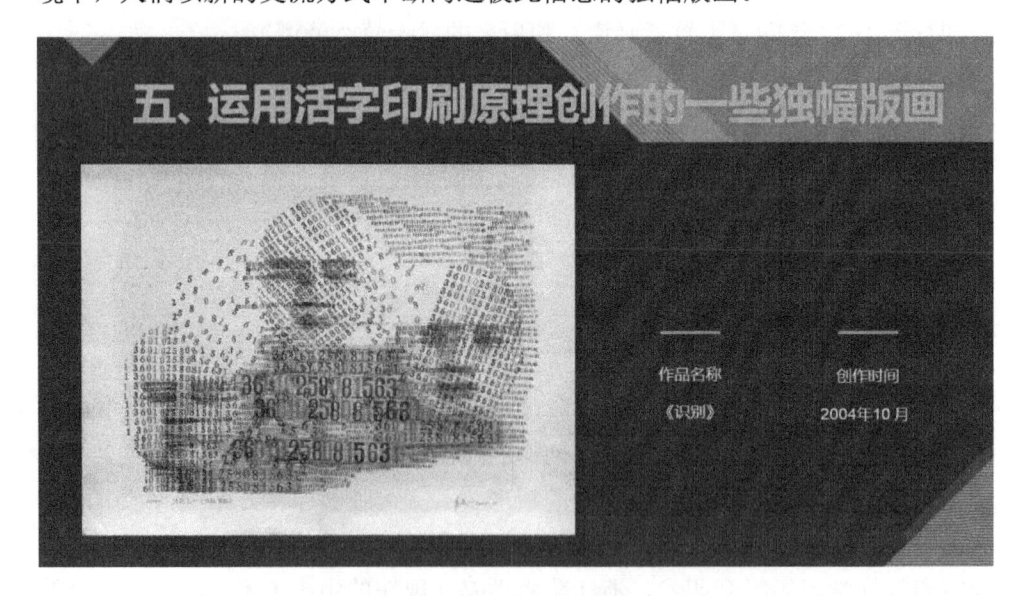

图 1　辜居一活字捺印独幅版画作品《识别》，2004 年 10 月创作
（作品来源：辜居一艺术工作室）

作品主要通过平面构成的方式，运用大小尺寸不同的木活字的正面和顶

面，创作以红蓝两色不断捺印形成的多组图像，表现在当代数字化生活环境中，面孔被不断智能识别的视觉体验。

图 2　辜居一活字捺印独幅版画作品《识别之二》，2005 年 6 月创作
（作品来源：辜居一艺术工作室）

作品的创作立意与上述第一幅作品是相同的，其中所不同的是创作以红、黑两色不断捺印形成的多组比第一幅阳刚且厚实一些的图像。过去，活字印刷一般不会用活字的空白顶面来进行印制，而此作品则可以。

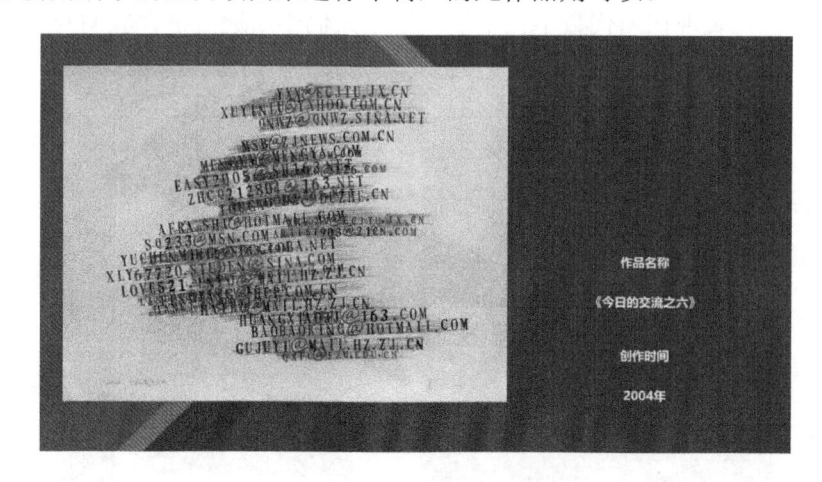

图 3　辜居一活字捺印独幅版画作品《今日的交流之六》，2004 年创作
（作品来源：辜居一艺术工作室）

作品主要通过重构空间的方式，运用大小尺寸不同的木活字的正面和手绘感强烈的线条，创作以红、黑、蓝三色不断捺印形成的多组电子邮箱图像，表现在当代数字化生活环境中人们不断通过网络进行交流的视觉体验。

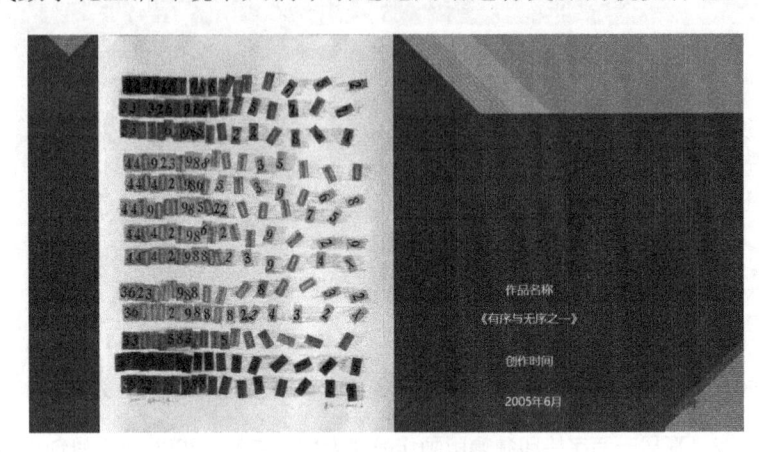

图 4　辜居一活字捺印独幅版画作品《有序与无序之一》，2005 年 6 月创作

（作品来源：辜居一艺术工作室）

作品主要通过重构空间的方式，运用大小尺寸不同的木活字的正面和顶面以及手绘感强烈的线条，创作以红、黑、蓝三色不断捺印形成的多组身份证号码的图像，表现在当代数字化生活环境中人们不断通过证件验明身份的视觉体验。

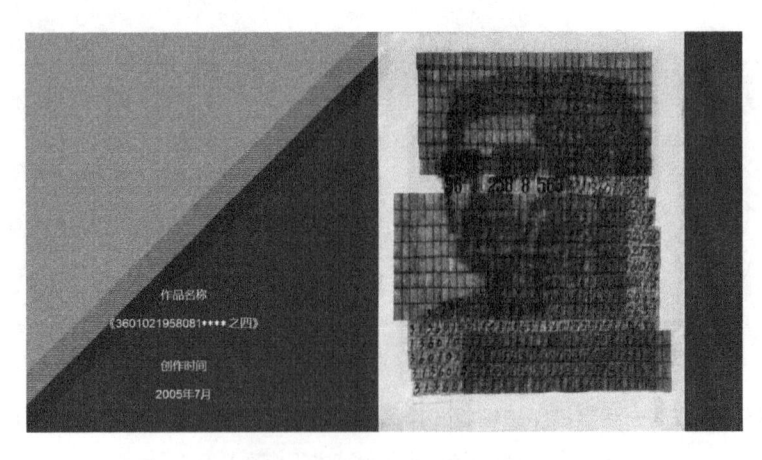

图 5　辜居一活字捺印独幅版画作品《3601021958081**** 之四》，2005 年 7 月创作

（作品来源：辜居一艺术工作室）

作品的创作立意与上述第一幅作品是相同的，所不同的是创作以红、黑两色不断捺印和不断以多组活字和手书的身份证号码形成的第一幅自画像的视觉印象。

5. 对国内创作毕昇题材文艺作品的建议

通过创作有关活字独幅版画和表现毕昇题材的人工智能绘画，本人认真研究了国内有关毕昇题材的文艺作品。为了未来在有限素材的条件下，更好地创作有关毕昇活字印刷题材的文艺作品，我提出以下两点建议。

（1）多励志。

毕昇能够通过反复的生产实践，解决了胶泥活字印刷的技术问题，其艰辛过程是非常励志的，正如今天上午在毕昇纪念园开园仪式上湖北文联熊召政主席所说，毕昇是完成了不可能完成的任务的天才。刚才，英山县委郑光文书记也高度评价毕昇是从基层成长起来的顶流工匠。要强化毕昇励志题材这方面的艺术创作，比如在北京奥运会开幕式上的团体表演木活字题材的文艺作品的效果就很好，在国际文化交流中活化了中国四大发明之一的活字印刷术。今天上午在毕昇纪念园开园仪式上的歌舞表演也不错，很贴切现代青年的观赏诉求，但这一点在已有的影视和舞台剧中还突出的不够。我们要考虑如何进一步创作好可以一直能在毕昇纪念园里反复播放的艺术作品，用艺术的语言讲好毕昇的故事。

（2）强科普。

建议多运用艺术创作的形象思维语言，将中国印刷史（尤其是毕昇所在的宋代印刷史）的发展脉络梳理好，使观众和读者通过欣赏毕昇题材的文艺作品，得到相关的专业史料知识。这两天，本人与北京印刷学院的吴晓方老师在交流的时候，我告诉她——在我们中国美术学院版画系招收硕博学位的指定书目中，就有张秀民先生编写的《中国印刷史》。

我特别赞成英山县有关方面在数字化和智能化的时代环境中，注意应用元宇宙、人工智能、虚拟现实、增强现实、混合现实、光与电等沉浸式体验的新技术来传播毕昇活字印刷文化的设想，我们应该让青年受众与云端的毕昇产生互动的交流，使毕昇活字印刷文化再升级和再活化。我这次也带来一幅以毕昇头像、毕昇碑和英山境内的峰峦为素材来反映毕昇题材的人工智能绘画，我认为青年朋友们一定很愿意运用新的工具来感受传统文化的传播。

七、传承毕昇文化,讲好印刷故事

高锦宏 [1]

传统文化是一个国家和民族的根基,是历史和文化的瑰宝,更是人类智慧的结晶,传承和弘扬传统文化,是我们每个人的责任和使命。为了推动传统文化的研究和发展,毕昇文化论坛应运而生。毕昇文化论坛以其深厚的学术底蕴和独特的学术视角,成了国内外学者交流、合作、研究的重要平台。毕昇文化论坛不仅推动传统文化的研究和发展,更能让更多的人深入了解传统文化、印刷文明的价值与魅力。

习近平总书记强调:"中华优秀传统文化是中华民族的精神命脉,是涵养社会主义核心价值观的重要源泉,也是我们在世界文化激荡中站稳脚跟的坚实根基。"文化是一个民族的"根"和"魂",是其生命力的源泉,深入挖掘中华民族传统文化根源的卓越文化基因,并对其进行创造性的转化和发展,不仅能够充分展示中华民族独特的文化符号,而且能够彰显中华民族文化自信,增强各族人民的凝聚力和战斗力。

活字之术,传文章于千载;创新之力,扬文化至四方。活字印刷术作为中国古代四大发明之一,其出现大大提高了印刷效率,为近代印刷术的发展奠定了坚实的基础,同时也为传播知识和促进世界文明的发展起到了重要作用,而毕昇作为活字印刷术的发明者,更是中国传统文化的代表性人物。其创造并传承的不仅仅是印刷工艺,其中蕴含的普通却非凡的工匠精神、朴素却坚韧的探索精神和渺小却伟大的创新精神是中华文化繁荣发展和中华民族伟大复兴的重要源泉。活字印刷术虽然已经有了几百年的历史,但其背后所蕴含的精神和价值观至今仍然具有重要意义。我们应该铭记毕昇和他所代表的精神,继承和弘

---

[1] 高锦宏,北京市政协委员、原北京印刷学院党委书记。

扬中华民族优秀传统文化，为中华民族伟大复兴贡献力量。

此次，毕昇文化论坛以"文化传承与创新"为主题，邀请了国内知名专家和学者，共同探讨毕昇文化的传统内涵和现代价值。围绕"中国印刷业发展：现状、问题与路径""英山毕昇 杭州活版""毕昇泥活字工艺实证研究及其对后世贡献""武英殿木活字与印刷文化传承"等四个主题进行了报告和讨论。这些主题的深入探讨极大提高此次论坛的质量与针对性，并为促进中华文化的传承和发展做出积极贡献。与会专家、学者从自身背景和工作实践出发，围绕论坛议题进行了多学科、宽领域、多维度的研讨交流，用战略眼光、创新理念深入探讨毕昇文化重点合作项目，紧扣英山特色，充分发挥毕昇人文元素，以毕昇为载体，化资源为活力，加强毕昇文化研究，让毕昇文化活起来、动起来，为毕昇文化的传承与印刷业的发展不断走向深入提供了强有力的支撑，为促进印刷文化旅游资源传承发展，推动印刷出版文化事业改革创新，建设社会主义文化强国、教育强国贡献积极力量。

北京印刷学院以"传承弘扬印刷文明，创新发展出版文化"为办学使命，开启中国出版印刷高等教育的先河。作为服务出版传媒全产业链的高等学校，北印人一直以传承弘扬中华印刷文明为己任，踔厉奋发推进国家文化事业发展。北京印刷学院未来将一如既往地与党中央保持高度一致，紧密关注全局，把握大势，注重实际问题。牢记"传承中华印刷文明，振兴新闻出版产业，建设新闻出版强国"的伟大使命，将其融入与英山县的合作之中，充分利用毕昇文化论坛平台，加强与英山县的文化合作，推动双方文化资源的共享和交流，深入探讨传统文化的内涵和当代价值，加强文化创新和传承，为文化产业的发展提供有力支持和保障，为实现中华民族的伟大复兴做出更大贡献。

传承中华优秀传统文化，是推动文化创新的重要途径，也是培育和践行社会主义核心价值观，落实立德树人根本任务的重要基础。在全面建设社会主义现代化国家的进程中，弘扬毕昇文化、传承印刷文明具有重要意义。一方面，毕昇文化和印刷文明所蕴含的思想智慧和精神财富，可以为我们提供源源不绝的精神动力和文化支撑；另一方面，通过弘扬毕昇文化、传承印刷文明，我们可以更好地发掘和利用中华民族丰富多彩的文化资源，推动我国文化事业的全面发展。因此，让我们继续弘扬毕昇文化，传承印刷文明，为全面建设社会主义现代化国家提供源源不绝的力量。

八、论中国活字版印刷术的历史性贡献

邢 立[①]

摘要：作为世界上最早的活字印刷技术发明，中国古代活字版印刷术历经千年技术进步，核心技术原理一直存在并使用于印刷体系当中。本文从印刷技术发明原理的视角出发，以沈括、王祯、金简所述文献和回鹘文木活字等考古发现为主要依据，通过探讨中国古代活字的形制、活字版版式、拣字回字技术和组版技术等印刷体系主要要素环节，论证了中国首创的活字版印刷术在整个印刷技术体系中所做出的历史性贡献。

关键词：活字；活字版；印刷术；出版史；印刷史

活字版印刷术是一个完整系统，除活字本身以外，还由拣字、排版、固版、回字、上墨、刷印等工艺系统组成。最晚在北宋庆历年间（1041—1048），中国的活字版印刷技术已经形成比雕版印刷术更为复杂和完整的流程体系。

中国历史上记载活字版印刷技术发展内容的代表性文献很多。北宋科学家、政治家沈括，在《梦溪笔谈》中所记述的毕昇发明活字版印刷技艺，为世界范围内对活字印刷术的最早记载。《梦溪笔谈》现存最早的版本是元代大德九年（1305）东山书院刻本，版本可靠、流传有序，现收藏于国家图书馆。元代农学家、农业机械学家王祯，在《农书》中附录有《造活字印书法》，详述

[①] 邢立，北京恒印机械制造有限公司董事长、印刷文化空间创始人。

了木活字印刷术的六大工艺流程。《农书》成书后被不断翻印和传抄，现存最早的版本是明代嘉靖本翻刻本。清乾隆年间总领《四库全书》刊刻事宜的副总裁金简，留下了乾隆四十一年（1776）的精写本《武英殿聚珍版办书程式》和武英殿木活字印本《钦定武英殿聚珍版程式》，以专著的形式对造字、刻印诸方法分列条目并一一绘图，叙事之详尽堪称中国活字印刷史上里程碑式的文献。

这三个不同历史时期关于活字版印刷技艺的文献记载，以及回鹘文木活字、西夏文木活字印品等实物考古发现，基本可以说明中国古代活字版印刷技术已经创建了独立的技术体系，是一个有序发展、不断演进的过程。其技术体系的基础与核心包括活字的形制、标准和版式体系、活字的制造技术、拣字与回字系统、字盘与字架系统、排字组版技术、水墨和胶质墨系统、单面刷印套印方法等。对于活字版印刷术发明一题，一些研究者把活字版印刷等同于活字制造，过度强调活字的材质，甚至仅仅以活字材质来比较发明的价值，过于片面或者可以说忽略了这项发明的技术本质。

本文从技术发明原理角度出发，以沈括、王祯、金简所述文献及回鹘文木活字等考古发现为主要依据，以技术发展要素为落脚点，通过中国活字版印刷中活字的形制、活字版版式、拣字回字技术、组版技术等方面的创见性发明及应用，探讨中国首创的活字版印刷术在整个印刷技术体系中做出的历史性贡献。

1. 活字形制：单字、有一定高度、矩形长柱体等规范的制造体系化

20世纪末，铅活字退出工业化生产时的形制，是整个活字版印刷历史中最成熟和成功的范本，也将作为我们回顾印刷术发展历史过程的参照物。

汉字与西方拼写文字的发展历程不同。方块（矩形）字是汉字独有的造型，与我们发明的活字块形状有天然联系。中国在青铜器时代已经具备制造活字的技术，出现了与印刷活字相近形制的金属印章，每个印章只有一个阳文反向文字。印刷的基本要素是"版"。因此，只有为印刷目的而制作、满足制版要求、有目的批量制造的标准化活字才是印刷意义上的活字。《梦溪笔谈》的记载证明，最晚在公元1045年就产生了以印刷为目的制造的活字和活字版，技术术语明确，技术体系已经形成。从《梦溪笔谈》中"薄如钱唇"到王祯《农书》中记述的用竹片从侧面固定活字组成印版，再到回鹘文木活字的实物

证明，可以看出到 14 世纪末，中国的活字形制已经变成矩形长柱体。

《梦溪笔谈》记载："其法用胶泥刻字，薄如钱唇。"胶泥活字字面是平面，刻字笔画有一定的深度，也就是字间到字面的字谷深度。所以说，是字头而非整个字块"薄如钱唇"。原因是，宋代铜钱厚度多在 2.5～3 毫米，而 20 世纪中文铅活字初号字的字面到字肩尺寸（铜字模深度标准）也达到了 1.7 毫米。以胶泥为材质（火烧）的强度与铅锡锑合金完全无法相比，活字也要在平板和铁板之间按压"则字平如砥"，尺寸在 2 毫米以上是必然的。另外，毕昇的泥活字印刷要"先设一铁板，其上以松脂、蜡和纸灰之类冒之"，如果活字不够一定的高度，加热后松脂蜡之类就会流入字谷内，无法用于刷印。因此根据常识可以判断，这个活字是有一定高度的柱状体。

王祯《农书》记载："有人别生巧技，以铁为印盔界行，内用沥青浇满。冷定，取平火上，再行煨化，以烧熟瓦字，排于行内，作活字印板。为其不便，又有以泥为盔界行，内用薄泥，将烧熟瓦字排之，再入窑内烧为一段，亦可为活字板印之。""将刻讫板木上字样，用细齿小锯。每字四方锼下，盛于筐筥器内，每字令人用小裁刀修理齐整，先立准则，于准则内试大小高低一同，然后另储别器。"可以看出，已有的瓦字和当时制作的木活字，都已经形成了在固定界行内、有规范尺寸、有一定高度且高度一致的立柱体。

1908 年，法国人伯希和在敦煌石室中发现了 968 枚回鹘文木活字。这些木活字大约制作于 12 世纪至 13 世纪，已经是规矩的矩形长柱体，字面宽度和高度统一，宽度约 13 毫米，高度 22 毫米[①]。美国哥伦比亚大学出版社 1925 年版卡特的《中国印刷术的发明和它的西传》，插图中也有这些木活字形制的图片。敦煌研究院考古所于 1988 年至 1995 年发掘莫高窟北区时，发现 48 枚回鹘文木活字。"这四次发现的回鹘文木活字大小、形制、质地、构成完全相同。均宽 1.3 厘米，高 2.1～2.2 厘米；厚薄则依木活字所表示符号的大小而定。因每枚木活字表面均有墨迹，说明曾经印刷过书籍……回鹘文由上至下拼写成列，列与列从左至右排，一直使用到 15 世纪。"[②] 这些回鹘文木活字是世界上现存最早用于印刷的活字实物，也是含有拼写字母的活字。从实物角度证明，在 12 世纪至 13 世纪的中国已经形成适合西文的活字形制，与近现代使用的铅字形制相似度非常高。敦煌是丝绸古道上最大的交通枢纽，具备了对外

---

① 潘吉星：《中国金属活字印刷技术史》，辽宁科学技术出版社 2001 年版。
② 梁旭澍：《敦煌文物珍品：回鹘文木活字》，2020 年 5 月 6 日，见敦煌微信公众号。

传播的可能性。

结合近年来新发现的清代《古今图书集成》铜活字资料，笔者通过测定《古今图书集成》《御制数理精蕴》原本散页，推算出原铜活字的字身高度大致范围已经接近欧洲在路易十五时期确定的迪多点数制铅字标准的高度，本文在此不做深入探讨。至金简著《钦定武英殿聚珍版程式》，明确记载了内府制作的木活字尺寸，"凡大木子每个厚二分八厘宽三分直长七分，其小木子厚长分数皆与大木子相同，而只宽二分"。当时的七分大约为22.4毫米（1营造尺约32毫米），与中国20世纪中期的铅字标准高度23.44毫米接近。由于中国早期使用的铸字机全部来源于西方，完全采用西方铸字标准，这个高度代表了现代化印刷工业制造活字的普遍标准。

从《直指》的情况来看，版面上存在字与字笔画交叉的现象，如确为早期铜活字印本，就可以肯定使用的活字块不是规则的矩形体。在制甲寅字（1434）之前，活字底部是有锥度的，之后一直使用低矮的铜活字。据《校书馆印书体字》对17世纪和18世纪的1004个铜活字的测量统计，活字高度基本在4～9毫米，并且6～7毫米居多。这些活字从俯视角度看不是规矩的矩形，从侧视角度看也不是相同或规矩的形状，在固版上一直使用毕昇时代从活字底部固定的方式。这种形制的铜活字一直使用到1883年，才替换为从日本引入的新式铅活字制造标准体系[1]。

席卷欧洲的谷登堡发明，令人遗憾的是，最初技术特征没有明确的文献记载。不过可以知道的是，早期拉丁文活字是以一个字母组合而非单个字母作为一个活字，不具有统一性，所以活字形状不可能是方形或者像20世纪使用的接近方形的规格矩形。从后人统计来看，谷登堡当时使用的拉丁字母组合大概有270～290组，没有使用西文单独字母。有研究者认为，在西方摇篮本期间，一整套西文铅字，包括各种字母、连体字、重音符号和缩略词组，最多可达1000余种[2]，但即便如此，用到的单个铅字的重复性和数量也远远低于中国的汉字量，这种体系对使用活字版具有优势。

在西方冶金技术发展过程中，钢的使用和热处理技术为谷登堡印刷技术的发明创造了基础条件。有利条件还包括：实现了金属模铸，也就是固定形式的模具配合字模这种可以大量重复的铸造方式；铅基合金能够实现低熔点和重复

---

[1] 《李朝时代活字一览表》，见《韩国印刷大鉴》1969年版。
[2] 陈智萌：《摇篮本》，当代世界出版社2018年版。

回用；配合欧洲冶炼银产生了大量的铅，来源充足而且成本低。这些要素合起来逐步解决了铅合金活字的制造技术问题，使铅活字印刷技术得以广泛应用。但是，当时的拉丁文铅活字为了模仿手抄体，规格太多，也可能与西方没有经过雕版印刷方式印书，字体没有接近或形成印刷体有关，铅活字还只是形成制式的初期阶段。

在中国历史上使用的铅活字，从S形制上看仍然与西方有些差异。比如，在字面相对的另一个底面，除有平底外，有些中文活字有字脚和字沟。有了字脚可以使铅字站得更稳当、支撑力更好，也可以弥补底面不平，适应调整组版。虽然字脚的形成和选择铸字的浇口浇道位置有关，更大可能是中文早期制造金属活字的遗存特点，是对王祯"近世又铸锡作字，以铁条贯之作行，嵌于盔内，界行印书"所描述的铸字浇口处理与排版结合产生的形制反映。

从金简的文中记述显示，中国古代有非常严格的规范，对活字高度采用标准规矩的刨削找平，使用了类似现代的止规测量方法。在造木子中"仍于鉋完后用铜质大小方漏子两个，中空分数与大小木子相符，将木子逐个漏过自无不准之弊矣"，可以看出中国当时使用的活字已经达到了工业化标准要求。在欧洲，"18世纪，路易十五律定了10 1/2 行的标准字粒高度，但根据傅尼耶留下的资料，里昂的印刷商与铸字商并未奉行，其字粒高度至多可达11 1/2 行"①。可见，标准化是技术体系走向成熟的显著特征，也是一个循序渐进、不断磨合的过程。

根据这个标准来看，中国古代活字在1045年左右已经形成了矩形柱状形制，最晚在13世纪前已出现用于印刷的回鹘文字母型、规格化的木活字，至清已形成接近现代铅字的完整规格体系。相关历史文献清晰可靠，过程原理记载详尽。中国活字形制的形成与发展过程明确清晰、可以追溯，在世界印刷工业技术体系中有历史性贡献。

2. 拣字与还字：字盘、字架、取字法、造字数量等环节的体系化

拣字是活字排版工艺中的第一道工序，还字是将使用后的活字放回到原贮置处。活字能够再重复使用是活字版印刷的价值所在。单个活字的数量、涉及的使用频度，是确保实现活字排版的基础。依照何种方法来放置，并且便于找

---

① ［法］费夫贺、马尔坦：《印刷书的诞生》，李志鸿译，广西师范大学出版社2006年版。

到所需活字，是实现效率和基本程序的保障。在活字版印刷过程中，最费工时的工序并非上墨、覆纸、刷印，而是拣字、排字组版、印后拆版和将活字归还贮位以备再用。为提高印刷效率，中国古代对拣字与还字环节做了不少探索和规律性总结。

（1）拣字。

汉字数量十分巨大，《康熙字典》收录的就有四万七千多个字，全部常备不具可行性。选择常用字、备用字和罕用字这些在铅印工业化生产时期使用的解决方法，在毕昇时期已经有应用。《梦溪笔谈》记载，每个活字都准备了多个，"每一字皆有数印，如'之''也'等字，每字有二十余印以备一版内有重复者，不用，则以纸贴之，每韵为一帖，木格储之。有奇字素无备者，旋刻之，以草火烧，瞬息可成"。这个原理和方法，与铅印时代的整套铅字字架字位和使用部位字、备用字、添盘字，用铅字坯刻补字等方法完全对应。时代不同、应用领域不同，每副字的总量和每个字的频度也不同。20世纪70年代，中国研制"计算机—激光汉字编辑排版系统"时，曾组织数千人进行汉字频率的调查，"之"和"也"的出现频率排位分别为87和70，而排在首位的是"的"。

在王祯时代，活字版韵轮的取字法为："将元写监韵另写一册，编成字号，每面各行各字俱记号数，与轮上门类相同，一人执韵依号数喝字，一人于轮上元布轮字板内取摘字只，嵌于所印书板，盔内如有字韵内别无，随手令刊匠添补，疾得完备。"依照中文汉字的"韵"和"部首"贮字、拣字，是汉字文化圈在活字版印刷中一直采用的方法。欧洲人在18世纪40年代首次使用中文汉字和拉丁文混排印刷词典《中国官话》，也是采用明代梅膺祚214个部首的方法。清代乾隆时期"钦定武英殿聚珍版程式"的字柜，更是以《康熙字典》的汉字分类法存取活字。"按照康熙字典分十二支名排列十二木柜……每柜做抽屉二百个，每屉分大小八格，每格贮大小字母各四，俱标写某部字及画数于各屉之面，取字时先按偏旁应在何部则知贮于何柜，再查画数则知在于何屉，如法熟习举手不爽，间有隐僻之字所用不多而备数亦少，仍按集另立小柜置于各柜之上，自能一目了然。"直到铅印时代结束时，无论是48盘还是64盘字架，实际上仍然是使用的这种方法。在浙江瑞安，至今仍有用木活字印家谱的修谱师，还保留着用地方方言编排字韵的口诀。2010年，中国木活字印刷术被联合国教科文组织列入人类急需保护的非物质文化遗产名录。

（2）还字。

还字是指印刷完成后，将印版上的活字再归位到拣字的位置。《梦溪笔谈》记录的拆版方法是"用讫再火令药熔，以手拂之，其印自落，殊不沾污"。王祯的"造轮法"中"活字版韵轮"既是拣字也是回字的字架。金简的《钦定武英殿聚珍版程式》中描述为归类，"每版印完之后，即将槽版内字子尽数抽出，各按部分检贮于类盘之内，然后就柜，归于原屉，凡取字归字出入必须按类，方能清晰无讹，故虽千百万之多亦不觉其浩繁，若稍有紊淆则茫无涯际，取给何能应手，仍于每年岁底逐柜检查一次，但字数有所稽考，亦且无鲁鱼之谬矣"。

另外在轮转效率上，从毕昇的"常作二铁板，一板印刷，一板已自布字，此印者才毕，则第二板已具，更互用之，瞬息可就"，到金简"逐日轮转办法"，十日摆书120版，每日应归类72版、刷印12版、校对12版，实现了逐日周转的效率生产工艺流程。实际上，中西方在解决活字数量有限和使用效率问题上都在探索和实践。西方学者研究谷登堡《四十二行圣经》的印刷方式，从字的重复利用中发现其采取了10页为一组的组版周转方式，并认为这种方式被早期的印刷商广泛使用。在欧洲通常能够看到的字架，是1499年《印刷工的死亡之舞》中描绘印刷工坊木版插图画上的样子。《印刷书的诞生》中说："手排版的技术，从印刷术诞生以来，几乎没有什么变化。"其所应用的设备几乎与古法相同：排字工面对着一个木质的方柜，称为"活字柜"，柜中分隔出许多鸽巢状的小格子，用以收纳字母或符号。先把活字一次一个地从中取出，放进一种小型的槽状容器里，这就是排字的"条"，早年是木质材质，后来改用金属制作。只是在整行铸排机发明后，这种技术才愈来愈罕见。

从上文可以看出，拣字和还字是活字排版的重要技术，包括活字如何贮放、字母排放的方式等。中国对字盘、字架、取字法、造字数量等环节都做出了细致的考量，相关原理、方法在日本和朝鲜等国也得到应用，对活字版印刷技术进步又做出了一个历史性贡献。这些，无论欧洲哪个国家在17世纪之前都没有相关文献记载，就算到了18世纪末，各颗活字应当放置于活字柜的何处，在欧洲仍无共识。19世纪初，类似摩默罗著作或法文《百科全书》

所载的活字摆放方式，方告普遍（但仍旧称不上"定于一尊"）就此成为寻常印刷作业的一部分①。在欧洲所形成的拣字盘实际也存在字母的频率，通常一副整套铅字（one fount），假设 A 字母有 100 个，E 有 150 个，X、Q、Z 只有 9 个。②

3. 排字组版：活字、字空、饰线、固定方法等要素的配套体系化

组版是排印活字版最重要的一道工序。拣字工序完成后的毛坯版，要按照原稿需要，用各种材料将数行活字合成紧密结合不松动的一页（叶）版，最后将数页活字合组为待印刷的成套印版。

在铅印时期，除活字本身外，通常还会用到铅条、水线、书边等。中文版面中有文武书边、双线边、黑边等，都是延续中国传统雕版印刷版式。随着技术的发展还产生了花书边等饰线样边。低于印版的非着墨部分、版心以内的空白处，是由比活字低的抵空材料填充的，没有抵空材料就无法组成印版。铅印中使用的铅条，除保证每行文字整齐、填充版内空白外，还是固定版面不使版口铅字松动的必备组件。

活字版在雕版版面基础上发展而来，追求的是雕版印刷的效果。版式在雕版印刷阶段包括边框、列（行），早在毕昇发明活字印刷之前就已形成。欧洲的铅活字版技术是从手抄书直接到铅字排版，追求的是手抄书的效果。1455年谷登堡印《四十二行圣经》，对版式仍然处于探索阶段。版面行间没有明显使用铅条固定镶嵌的痕迹，究竟如何拼成版、是否整版印刷亦无文献记载。虽然书名为《四十二行圣经》，但从第 1 页到第 9 页每页的行数是 40 行，第 10 页是 41 行，以后才是 42 行。有文献认为，在铅活字版技术初期，铸字、排版和印刷可由一个人来完成，类似的谱牒师在四处游走中生活。果真如此，那么不可能携带大型印刷机，而且印刷纸张质地厚实，还有动物皮制的犊纸，印刷也需要足够的压强。从技术实现来看，最可能的是采取印数行，即摆成数行的局部版固定分次印，而不是排成整版印刷。

如何固定活字是活字版印刷的核心技术。《梦溪笔谈》记载，以"松脂、蜡和纸灰冒之"还是固定活字底部。到了元代王祯的记载已是从侧面固定组

---

① ［法］费夫贺、马尔坦：《印刷书的诞生》，李志鸿译，广西师范大学出版社 2006 年版。
② ［日］俊山幸男：《活版印刷术》，苏士清译，四川造纸印刷科职业学校出版部 1942 年版。

版,"排字作行,削成竹片夹之,盔字既满用木楔楔之,使坚牢,字皆不动,然后用墨刷之",然后"用平直干板一片量书面大小,四周作栏,右边空候摆满盔面右边安置界栏以木楔楔之"。中国完成了从活字底部固定到活字侧面固定的发展,这是印刷技术体系中固版技术走向成熟的标志性特征。

组版要件的使用、组版尺寸的精细化和组版水平之高,在康熙四十年(1701)开始的《古今图书集成》铜活字排印活动中得到了充分体现。内府档案资料记载,组成内府铜活字版的部分,包括形制规整的六面体矩形活字(有字铜子)和字空(无字铜子)、大小铜盘、饰件条线(相当于现代铅印的界栏、铅线、铅条、水线)。从成书版面可以看出,印版四角无缝隙,可见印前已经确立了统一的版面尺寸。整体框线为武线(或称黑边),或文武书边(由一条粗线和一条细线组成),这是从雕版印书的四周围框演变而来。文武线的粗线基本都印制清晰,可见铜盘上已有固定框线。从墨迹清晰度来看,高度一致,表明是事先加工一致的。文线(细线)在印品中一般并不是很清晰,与边文线多无交叉,应该不高于武线高度,与行(列)距之间的水线高度一致,这种行距之间的铜条起到隔行作用(界栏),使用铜质水线硬度和弹性平衡,可以重复使用(现代铅活字版印刷的水线线口有正线和反线,略低于铅字高度),而版心采用的是白口、单鱼尾,从鱼尾看基本是一个铜子(字空)大小,有用一个铜活字排版的可能。从版面来看,其形制为中国的传统雕版,一页 19 行(列),每行(列)20 字,鱼尾行对折,单面印刷,此种标准形制活版印刷排版的效率非常高,对排版技术要求最低。从印迹来看,看不到非字面空白部分的印痕,那么此空部分应明显低于铜子(字空),可能其高度低于水线高度。在内务府档案中,关于武英殿余平银案中毁铜细节的奏销档记录了时任掌库的供词:"大小铜盘七百个,饰件条线重九百八十斤,连字大称称得二万九千八百斤有零,又有何玉柱家交来铜子三十万八千五百二十个,重七千五百斤。"①结合《古今图书集成》的版式,可以看出在生产工艺上采用了铜条线等从活字侧面固定活字作版的方式。经过笔者测算,当时的铜活字、铜子(字空)与工业化时代的铅活字高度和高度差相当、版面尺寸与铜条的整倍数关联,已经实现了用数学来解决相互之间关联排版的问题。

数学是西方奠定近代科学的基础,康熙皇帝对数学十分着迷,亲自确定了

---

① 杨虎:《乾隆朝〈古今图书集成〉之铜活字销毁考》,《历史档案》2013 年第 4 期。

当时根积分的汉字定义。即便是在20世纪后期，对于数学、音乐等复杂的版面进行活字排版仍然难度很大，对这些版面格式排列必须有规范，不然非常容易产生差错。仅在西文中，就有正体、斜体、数字符号、度量衡单位、单行叠码、行列矩阵、代数多项式、加减乘除、横式、竖式等多种形式，何况中西文混排。康熙时代的内务府，应该很早就意识到了这种规范的意义，此处不做更深入探讨。

金简的《钦定武英殿聚珍版程式》更是对排版过程中的成造木子、槽版、夹条、顶木、中心木、类盘、套格、摆书、垫板做了详细描述，标定了各个工序之间的具体尺寸，实现了全部过程的数据化，用数学方法完整描述了各个环节之间的关系，其原理方式完全符合铅印时期的排版要件。例如，夹条分为一分通长夹条、半分通长夹条、一分长短夹条、半分长短夹条用于大小字和不同字排版。该书描述一分长夹条：用楠木或松木做成条片宽五分长五寸八分八厘，厚一分，凡书内正行大字靠整行大字即用此夹摆，按套格每行额宽四分，而大字木子只宽三分，以之居中则每行之两旁各空半分，两行计之则合空一分，故用一分夹条方能恰合线数。从中可以看出，夹条与字是整倍数关系。这和铅印时期水线、铅条和铅字的比例关系原理相同，用数学方式计算安排了版面结构。例如，顶木"凡书有无字空行之处，必须嵌定方不移动，是谓顶木，用松木做成，方条高五分，用于大字者面宽三分，小字者面宽二分，俱自一字起至二十字止，量其空字处长短，拣合尺寸嵌于无字空行处"，与铅印时期的铅字空、倍数铅字空原理及方法均相同。

在组成印版方面，谷登堡也采取了侧边固定铅活字或词组的方式。但是，如何使多个独立的铅字构成稳固的版面，在西方摇篮本期间没有明确的记载。印刷机的印床，开始是使用磨光的石板，到18世纪开始采用钢板。组合好的印版底面放置于印床上，印刷前先将纸浸湿，在压印版与纸之间加垫毛毡，以使活字印版保持平整。印刷全张纸的大开本书时，通常采取移动印床、两次压印的方法，以保证每一粒铅字上的压力基本一致。

法国国家印刷局（当时称作法国皇家印刷局）[①]印制的《中国官话》，是最早采用规范性汉字在欧洲印刷的出版物，采用了中文木活字与拉丁文、法文铅活字混排和机械印刷。这个项目开始阶段有中国人（黄嘉略）参与其中，中

---

① 法国国家印刷局的机构名称在不同时期有所变化，在法国"大革命"前一直称作皇家印刷局。

国清康熙年间制造铜活字时也有传教士在内府，不排除参与的可能性。有些活动并不一定有文献的详细记载，但从古丝绸之路开始的文化交流，特别是大航海时代带来的中西思想全面碰撞，文明互鉴、相互影响是必然存在的。

对于活字版印刷技术而言，逐步发展并走向标准化、体系化的成熟期，应是多方面因素在历史进程中接续作用而形成的。回顾这一进程，可以清楚地发现，中国是活字版印刷技术的原理性发明者，而且最少在活字形制、拣字还字方式、排字组版方法三方面做出了持续改进和创新，形成了一直实用于近现代活字印刷工业中的技术规范和体系，为印刷技术的发展进步做出了重要的历史性贡献。

九、闽北活字印刷刍议

余贤伟[1]

摘要：建阳为我国古代三大印刷中心之一，从明代起，以建阳为中心的闽北活字印刷发展迅速，出现了铜活字蓝印本《墨子》等古籍珍品。明末以后，民间开始使用木活字印制家谱，一直到民国时期，编修族谱风气盛行、印制不辍，有较多的木活字印刷根据和古族谱保留下来。本文重点介绍闽北活字印刷版本情况，总结木活字家谱印制的流程及印本特征。

关键词：活字印刷；族谱；木活字

活字印刷最早可追溯至北宋时期，北宋学者沈括在《梦溪笔谈》中详细记载毕昇发明的泥活字及使用办法，"庆历中有布衣毕昇又为活版，其法用胶泥刻字，薄如钱唇，每字一印，火烧令坚。先设一铁板，其上以松脂、腊和纸灰之类冒之。……一版印刷，一版已自布字……"[2]，只是由于暂未发现宋代泥活字印刷品。好在南宋时期，诗人邓肃（1091—1132）的《栟榈先生文集》中收入他与闽北邵武人谢公唱和的一首诗："结交要在相知耳，趣向不殊水投水。请看丘候对谢公，箭锋相契无多子。丘候平日论律人，详及谢公喜与嗔。一得新律即传借，许久夸谈今见真。车马争看纷不绝，新诗那简茅簷拙。脱腕供人嗟未能，安得毕昇二铁版。"[3]诗中感叹新诗写成后大受欢迎，手抄到"脱腕"也无法满足求诗的朋友，要是有毕昇的"二铁版"来印刷就好了。可见，泥活字印刷技术已有一定知名度。此后，宋绍熙四年（1193）周必大用泥

---

[1] 余贤伟，福建省南平市建阳区博物馆副馆长、副研究员。
[2] 沈括《梦溪笔谈》卷十八。
[3] 《宋史》卷三七五，列传第一三四，《邓肃传》。

活字印《玉堂杂记》①，成为泥活字印刷的见证。

元代王祯创造的木活字，不仅有完整科学的字盘、字库，还有一套行之有效的拣字口诀，实现"以字就人"的功能，这大大方便了活字排版印刷，提高了印刷工作效率②。然而，纵观中国古代印刷史，采用活字印刷技术的书籍占比极低，究其原因，主要有以下几个：（1）汉字字库数量巨大，有三万多字，常用字也有近五千个字，对字丁制作、拣字、排字技术要求较高；（2）活字制作排版工艺较复杂，前期投入成本巨大；（3）在字体没进化到"硬体字"（现代宋体字）时期，采用活字排版的页面较为杂乱，不够美观。总之，与雕版印刷相比，活字印刷技术并不具备明显的优越性。不过，活字印刷还是一种较先进的印刷技术，很多地方也在这方面进行试验，除采用木活字外，有的试验恢复毕昇的泥活字法，有的还采用铜、锡等金属进行铸字，并不断改进水墨印刷技术。本文梳理了刻书业发达的闽北地区活字印书历史，论述了明末开始广泛在民间使用的木活字印制族谱的情况及相关实物遗存。

1. 闽北活字印刷书籍的尝试

闽北可考的最早活字印本为明正德十三年（1518）建宁府以木活字印刷的汉司马迁《史记大全》130卷，此书后于明正德十六年（1521）由建阳书坊刘洪慎独斋改刻本印刷。明嘉靖三十年（1551），建邑③王以宁用铜活字印刷《通书类聚克择大全》，此书为阴阳卜筮类书，国家图书馆有残帙四卷。书中主要内容为人们日常婚丧嫁娶、入学求师、上官赴任、洗头沐浴，甚至妇女穿耳等事情的择日讲究。今天我们看起来古人这些做法十分可笑，但当时黎民百姓都有趋吉避凶、择吉日办事的习惯，此书无疑是一本畅销的"居家必用"之书。书首页题"芝城进轩姚奎纂辑，建邑蒲涧王以宁校刊"，卷末有"嘉靖龙飞辛亥春正月谷旦芝城铜版活字印行"标注一行。这部《通书类聚克择大全》的字体与另一部芝城铜活字印本《墨子》完全相同，而且多小字与少数阴文字、四周单边、双鱼尾等做法，也与《墨子》一致。

---

① 张秀民：《中国印刷史》，浙江古籍出版社2006年版。
② 张树栋，庞多益，郑如斯，等，《中华印刷通史》第九章《活字印刷术的发明与发展》，财团法人印刷传播兴才文教基金会出版。
③ 注：建邑即今建阳区。

九、闽北活字印刷刍议

明嘉靖三十一年（1552）又有芝城[1]铜活字本《墨子》15卷行世（见图1），在现存的明代铜活字印本中，以铜版《墨子》15卷最为藏书家所艳称，此书先后为清代黄丕烈士礼居、杨氏海源阁所递藏，现藏于国家图书馆[2]。该版本前有韩愈《读墨子》，卷首目录之末有"明刑部河南清吏司郎中吴兴北川陆稳校行"之句，证明为明陆稳校印；白纸，蓝印二册。卷八末页有"嘉靖三十一年（1552）岁次壬子季夏之吉，芝城铜版活字"一行。卷十五末页中间有"嘉靖壬子朏月中元乙未之吉，芝城铜版活字"字样[3]。说明自六月至中元（七月半），只用一个半月就印成，可见活字印刷之快速。

图1 明嘉靖芝城铜活字版《墨子》

《墨子》是先秦墨家学派的著作总集，由墨子自著和弟子记述墨子言论两部分组成。全书共15卷，存53篇，着重阐述墨家的认识论和逻辑思想，还包含许多自然科学的内容。此为明嘉靖三十一年福建芝城铜活字蓝印本，经清著

---

[1] 芝城为建瓯城的雅称，古代建瓯城为建宁府、建安县、欧宁县一府二县驻地。
[2] 张秀民：《中国印刷史》，浙江古籍出版社2006年版。
[3] 方彦寿：《建阳刻书史》，中国社会出版社2003年版。

名藏书家黄丕烈校并跋。

万历元年（1573），建邑游榕以铜活字刷印明徐师曾撰《文体明辩》84卷，题注"建阳游榕活版印行"或"闽建游榕制活版印行"，"归安茅健夫校正"。此书一出版，"一时争购，至令楮贵"。翌年，游氏又以铜活字印刷《太平御览》1000卷，卷首版心下方多印有"宋版校正，闽游氏全版活字印一百余部"，目录卷五有"宋版校正，福建游氏梓制活版，排印一百余部"大字两行。常熟周堂印本又作"饶氏仝版""宋版校正，饶氏仝版活字印行一百余部""闽中饶世仁游廷桂整撰，锡山赵秉义刘冠印行"等字样。这套铜活字大概为游氏所有，后来饶氏加入合伙，所以有些地方标注为饶氏活版。饶氏即福建书商饶世仁，当年常熟周堂从饶氏处购得半部宋版《太平御览》，又借无锡顾氏、秦氏所藏的半部，合为全书底本，印一百余部。由于该书一千余卷，印刷工作量大，在江浙一带分多个地方排印，校对马虎，导致错字不少，有些字体歪斜，显然排字技术也有不少问题。不过王重民先生认为"其成绩不在华氏、安氏之下，而其制字之精美，则较华氏、安氏为进步矣"①。可惜，至今尚未发现用这副铜活字在建阳摆印的书籍②。

清代闽北印刷业已日渐式微，以雕版印刷为主的印刷业严重衰退，更遑论活字印刷技术的发展，用木活字排印书籍少见，大多用于民间族谱印制。不过到清嘉庆十二年（1807）时，闽北邵武府学教授吴贤湘用木活字排印了自著作品《清夫文集》。清嘉庆十四年（1809），又有晋江人柯辂在邵武用木活字排印《淳庵诗文集》12卷③。吴、柯二人都在邵武印书，但所用的木活字不同，柯辂用的活字为自己制作的。嘉庆九年至十八年（1804—1813），柯辂任邵武县训导，著作等身，所著述大47种860余卷，"尝自制活版一副，凡有异书，悉为印刷"，只可惜其所印书籍仅存《淳庵诗文集》一种。柯辂去世后，子孙凋零，竟将这套活字全部烧毁，令人遗憾。

嘉庆十七年（1812），著名学者高澍然在光泽县用活字排印自己的诗集《诗音》，其子高孝祚跋云："家君撰《诗音》十五卷，先就活版梓行，命孝祚兄弟司校对。孝祚等仅遵《康熙字典》字画详校，而常用字每集凡十数见，

---

① 华氏指锡山华氏通馆，安氏指无锡安国，均为明代以铜活字印书的著名出版商；《中国善本书提要》。
② 谢水顺、李珽：《福建古代刻书》，福建人民出版社1997年版。
③ 谢水顺、李珽：《福建古代刻书》，福建人民出版社1997年版。

时新子赶办未及，间参用旧子足之，以故贴体俗书未能刊除净尽，今并录于左，俾览者得详焉。"《诗音》所用的木活字字体做到与《康熙字典》完全一致，邵武与光泽相邻，当时高澍然与柯辂多有往来，也有可能是高澍然向柯辂借用。

清代闽北活字印书的还有崇安的蓝礼安，清光绪二十二年（1896），蓝礼安用木活字排印其二十六世祖蓝仁的《蓝山集》6卷、蓝智的《蓝涧集》6卷。这两种诗集均从《永乐大典》中辑出，蓝于"课徒暇余，爰携儿辈重加编校，录已付梓，用活版印刷成书"①，命名为《山涧诗集合编》。

2. 木活字与族谱印刷

明末南方开始用木活字来排印家谱，尤其是闽北地区，相对远离战乱，很多家族聚居一村，或相对集中在一乡中几个村庄，分支而居，很多村子为单姓，外来者如要加入就必须改姓，入赘本村则子女需随女家姓，村里祠堂即为本姓祠堂。清代，朝廷提倡家族修谱，"家之有谱如同国之有史"，清康熙的圣谕十六条中就有"笃宗族以昭雍睦，修族谱以联疏远"②，闽北民间修谱之风大盛，几乎每个村庄每个宗族都有家谱。闽北族谱一般称宗谱、家谱、世谱等，有的一房或一支就修出单独的族谱，更多的是由包括多个乡村的同姓支系联合纂修宗谱。建阳是"南闽阙里""七贤过化之乡"，很多家族名儒荟萃，人才辈出，形成"朱、蔡、刘、魏、雄、叶、黄、王"等世族巨家，为增加族谱中的家族荣光，族谱中除家乘、世系、祖宗、祠堂、墓山、田产、祖训、行字外，都会特别突出祖上名人诰封、传记、诗文，名人所做谱序，而历次修谱也多有谱序，还会请当地官员、名人、族下文人写序。福建省图书馆藏有闽北木活字族谱33部③，建阳区图书馆藏有族谱24部，其中就包括《考亭朱氏族谱》《芦峰蔡氏族谱》《钜鹿魏氏宗谱》《江夏黄氏世谱》《广平游氏宗谱》《溪山叶氏族谱》等，这些族谱大都有这些特点。

以建阳区图书馆馆藏的《钜鹿魏氏宗谱》为例，该谱为建阳魏氏家族宗谱，魏氏祖上名人包括唐丞相魏征、宋建阳魏掞之、魏了翁等，魏掞之为朱

---

① （清）蓝礼安《山涧诗集合编跋》，见《山涧诗集合编》卷末，清光绪二十二年蓝礼安木活字本。
② 《圣谕广训》，清末福州刻本。
③ 谢水、李斑：《福建古代刻书》，福建人民出版社1997年版。

熹好友，所倡修的长滩社仓为中国古代社仓之始，因此这些都是宗谱中需要突出的地方。清末魏氏家族以建阳徐市镇为中心，向周边四散而居，支派众多，修谱成为"亲同姓，训子孙"的大事。本谱主修人为魏应松，光绪二十六年刊，大八开本，木活字排印，江右抚（州）金（溪）王培蘭梓现存13卷（册）[1]。卷一主要内容有：不同时期修谱的谱序，《宋赠名儒艮斋先生（魏掞之）记略序》《魏氏源流》《赢州魏氏家乘序略》《高阳清贤公包氏夫人子孙联科魁第名录》《名宦显绩》《徽公行寔》《魏艮斋谥庄毅先生行实》，朱子《戊午谠议序》，魏掞之《戊午谠议》，朱熹《长滩社仓记》，魏时应《长滩常平仓记》《刘屏山先生致元履文》《朱子跋魏元履墓表》《谱禁》《家规》《重修宗谱值守》《领谱字号》《行字号》等内容。卷二为祠堂、祖像及相赞、墓山图等，卷三至卷十四内容为高阳各派下世系图。显然，这套族谱是一套极为典型的闽北世家大族宗谱。

　　闽北各地在清末民国时期，均有排印族谱的风俗，家族修谱一般每十五年一小修，每三十年一大修。族谱修好后，就得请上谱师前来摆印，按照族中需要的数量印刷。修谱是家族中的一件大事、盛事，族谱的摆印也显得极为隆重。开始摆印时，谱师会与族中掌事举行仪式，敬告天地祖宗，谱师还要另外祭拜祖师；完成印刷后，需举行领谱仪式，族长按字号顺序，由族下各房领谱人把宗谱领走，进行妥善保管。

　　闽北族谱多为本地"谱师"排印，也有许多家族延请江西谱师排印族谱。新中国成立初期，建阳各乡镇都还留存有成套木活字字库，只是由于"破四旧"运动的影响，大部分字库已消失殆尽，偶见民间收藏一二盘字丁，不成规模。

　　2003年3月，光泽县博物馆从该县寨里镇何公段村征集了一套木活字字库及成套印刷工具（见图2）。这套字库有各种型号字丁3万余枚，含大号字丁46盘（每盘约300枚），小号字丁23盘（每盘约1000枚），常用字丁7盘（约4000枚）；另有各种拼花版近百片，其中有谱签小印版30片，刻有"××堂××氏宗谱""墓山图"印版20片，祠堂图印版10片，祖像图印版20片，风景装饰图5片；还有诰封的龙凤拼版、谱师堂号装饰印版等。

---

[1] 该谱实际有14卷，因担心卷二的墓山图被不法分子查阅，造成祖墓被毁，特意毁了卷二，在他们私藏的宗谱内，即包括卷二内容。

九、闽北活字印刷刍议

图2　木活字字丁

印刷工具包括：雕刻刀具一套，含大小的平口、斜口、凹（圆）口刻刀；选装字夹4个；木尺1个；木棍1个；钻（锥）子1个；棕刷4把；字框4副；双眼木墨盘1个。

从这套字库及印刷工具来看，整套设备完全可以满足整套族谱印制要求。

在光泽县活字印刷工具中，有一面旗，旗子从中间到两边排列着以下文字：万世大成至圣孔夫圣人，九天开化文昌梓潼帝君，眉山苏氏老泉先贤，庐陵欧阳二位先师，苍颉制字成文古圣，铁笔道人剞劂先师；最左边用纸签手书邹子斌师父香位。显然，这是一面谱师的祖师牌位旗，在摆印族谱过程中，谱师会把这面旗展开放置于案台前，每天早上焚香祭拜完，再开始工作。

摆印族谱一般都有备纸、拣字、排版固版、试印、印刷、装帧等步骤。

备纸：根据族中所需要印刷族谱的份数、谱样的张数，计算好数量，按规格裁好纸张，为印刷做准备。族谱一般用本地竹纸印制，如建阳扣、玉扣纸等，竹纸韧性好，纯手工制作，易于保存。

拣字：即按照样谱把需要的字丁一排排拣出，按顺序放在字夹中，便于排版。字库中的活字字丁均按一定的规则排列，一般按照偏旁部首排列，按部首查找。其中常用字丁另外装在几个字框中，便于选用，如常用姓氏、数字、高频用字等。有些字如"之乎者也"等也用得较多，均需多备几个。一些字如不够或字库中没有的，刻立即用空白字丁刻出并使用。常用字丁中还有几十个特

059

殊字丁"世系字"，呈长方体，每个字丁阴刻"××世"，如从"第一世"到"四五世"，专用于摆印世系。

排版固版：把拣好的字按顺序排入字框中，列（族谱一般竖排）与列之间用竹片或薄木片（行线）隔开，空白处用木条或空白字丁补上，并揳入小木片进行固定。

试印：即刷墨试印。因字丁高度不一定完全一致，加之字丁潮湿后会膨胀等因素，排好的字版在印刷时就可能出现不平整，或字里行间不整齐的情况。试印后就可以对字丁进行微调，如有错字也可以及时更换。

印刷：用棕刷蘸上墨，均匀地刷在字板上，取纸覆在字板上，用棕檫均匀擦拭，让字印于纸上，然后快速掀起即可。印刷用墨一般采用本地松烟墨调制水墨，随时调制使用。闽北族谱为单色印刷，未见套色印刷。

装帧：族谱一般开本较大，多以大 8 开为主，印好的谱页同样以线装书的方式进行装帧，需经配页、齐栏打孔、下纸捻、配书衣、穿线成书等步骤。最后贴上谱签，就完成了族谱的制作。为防虫，很多族谱会用红色椒纸印制内封页，既美观又能使书籍保存更久。

如果我们去翻阅一套古代族谱，在结合这些成套的木活字印刷字库、花板等（见图3），就会发现一些有趣现象。

图3　视像花板

一是很多族谱的谱签大小基本一样。这是因为可能用的是同一块谱签字板，只是把姓氏那一两个字改接个小板就可以了。

二是族谱中不同年代的祖宗像几乎一样。不仅官帽、官服一样，脸、眼、胡须等五官也几乎相同，个个都是龙眉凤目、精神矍铄，一看就是达官贵人之像。这也是因为谱师一般也就备那么几套祖宗像版，既有不同朝代文官武将之像，也有乡贤士绅之像。于是一种祖像在张氏族谱中成张氏某代祖宗，到李氏族谱中又成为李氏的某代祖宗了。

三是族谱中既有文字，也有很多图像，甚至还有古代圣旨、诰敕等，这些都需要特别的图版来配图排版。于是族谱的印刷也需要结合进不少雕版，用雕版＋活字的形式进行排版印刷。所以一套活字字库还需配不少拼花版、一寸见方的特大字板、名人手书序言雕版、世系大字丁、序齿小字丁等特别配件，让整套族谱更加鲜活。

3. 结语

随着国外铅字技术和印刷机器的传入，民间雕版印刷日渐式微，貌似先进的活字印刷，也只能依靠民间少量印制族谱得以延续残存。值得一提的是，据光泽县活字印刷非遗传承人介绍，这套字丁还曾印制过革命传单等，不经意间也为闽北革命做出了贡献。随着现代印刷技术的飞速发展以及闽北地区宗族意识的淡薄，木活字印谱这一行当也逐步衰亡，少量木活字字库或被辗转变卖，早已荡然无存。光泽县这套木活字有幸收入博物馆，而木活字印刷技艺急需保护传承，愿闽北木活字印刷在现代文化传承中焕发新的生机。

十、瑞安木活字印刷技术传承历史考

吴小淮 [①]

2010年11月15日,联合国教科文组织保护非物质文化遗产政府间委员会第五次会议在肯尼亚内罗毕审议通过,以瑞安木活字印刷技术为申报的当代传承唯一载体的"中国活字印刷术"被列入"急需保护的非物质文化遗产名录"。本人作为这项申报文件执笔者和史料、工艺技术的考证研究者,通过调查、采访、考据、研究瑞安木活字印刷技术的历史传承源流和现状,仔细研读这项技术传承的主要家族——平阳坑镇东源村1948年的《王氏宗谱》,收集现存的历代木活字印刷宗谱的实物,完整串连起严谨的历史证据链,从而支撑"中国活字印刷术"产生世界性影响的非物质文化遗产的关键依据。

本文就瑞安木活字印刷技术的传承通过编印宗谱的历史脉络,当代传承应用的状况,做一些考证。

1. 家传修谱历史溯源王俭考

据东源村王氏家族民国戊子年(1948)《太原郡王氏宗谱》(本文引述王氏宗谱的记载,除有特别注明之外,均引自该谱),在"外纪"王俭的条目下记载:

> 俭,字仲宝,南朝宋顺帝时左长史,齐武帝时侍中,尚书令,国子监,封南昌公,赠太尉,谥文献,撰百家谱行于世。父遇害,为叔父僧虔所养。

[①] 吴小淮,中国非物质文化遗产保护中心"中国活字印刷术"学术专员、北京印刷学院英山县"毕昇文化论坛"专家委员会委员、瑞安市木活字印刷文化研究院院长。

十、瑞安木活字印刷技术传承历史考

图 1　《王氏宗谱》王俭记载（王法炉藏）

　　王俭是魏晋南北朝时期南朝的一代名臣，王氏世家大族的代表性人物之一，王氏宗谱中并没有记载他诸多的政事，而在这里强调了一句话："撰百家谱行于世。"据《南史》《南齐书》《文选》等史料记载，王俭在齐永明中领吏部时，非常重视对谱牒的修撰，要求凡任吏部官，都必须精通谱学。同时，以为刘湛的《百家谱》过于简略，他加以扩充，撰成《百家集谱》十卷，是中国宗族史上的一位重要谱学家，谱牒学历史上第一个出现的学术流派"王氏之学"的开创者。东源王氏先人修谱时，特地注明先祖王俭"撰百家谱行于世"，表明这个家族对谱学的历史传统是出于自豪而有意强调的。而且从该谱以后各代的文字来看，多次明确记载族人修谱发家的事迹，起码说明后来从福建安溪到瑞安东源这一支王氏宗族，有着悠久的修谱传承历史，并作为宗族的荣耀而记载于史册。

　　唐末五代，王潮、王审知割据福建，仲兄王审邽率家人从世居的河南固始入闽，任泉州刺史，史书载其多有仁政。《旧五代史》载，王潮死后，王审知以割据闽地的唐代节度使之职让其兄审邽，"审邽以审知有功，辞不受"。后来闽被南唐所灭，闽王家族悉数被迁到金陵（今南京），但王审邦因知泉州，未在闽王位而得以保全逃脱，举族隐居并老死在闽南泉州，《王氏宗谱》记载其死后"葬泉州东郭皇积山之东北"。其第七代后人王宣教，于宋徽宗崇宁二年（1103），率家人从泉州西南隅船坊巷迁居到临近的安溪长泰里唐苏村，是为瑞安东源王氏的内纪始祖。

2. 王法懋木活字印宗谱始祖考

考民国戊子年（1948）的《太原郡王氏宗谱》和以后历次续修的谱牒中，在定居安溪后的第十一代先祖王法懋的条下都有这样相同的一段记载：

> 法懋，字帝弼，行六十……公于元时隐居，教授善身化俗，谱之修赖有公焉，宜其食报无穷也，子三。

图2 《王氏宗谱》王法懋记载（王法炉藏）

这段谱文虽然简短，但由此可知，王法懋元朝时在家隐居，教授乡里，是一位乡塾先生，他崇尚"善身化俗"的处世之道，宗族的修谱大事，全赖他的召集与操持，并像当时许多深谙谱学的文人一样，以修谱为业，由此获得丰厚的收入。王法懋生活和修谱的年代，在《王氏宗谱》中未作明确的交代，但在移居中国台湾的一支安溪王氏后裔的宗谱中，载录了王法懋当年所撰的《记悰小引》的谱序，其落款时间为元泰定元年（1324），可以推断他生活在公元13世纪后期至14世纪上半叶。

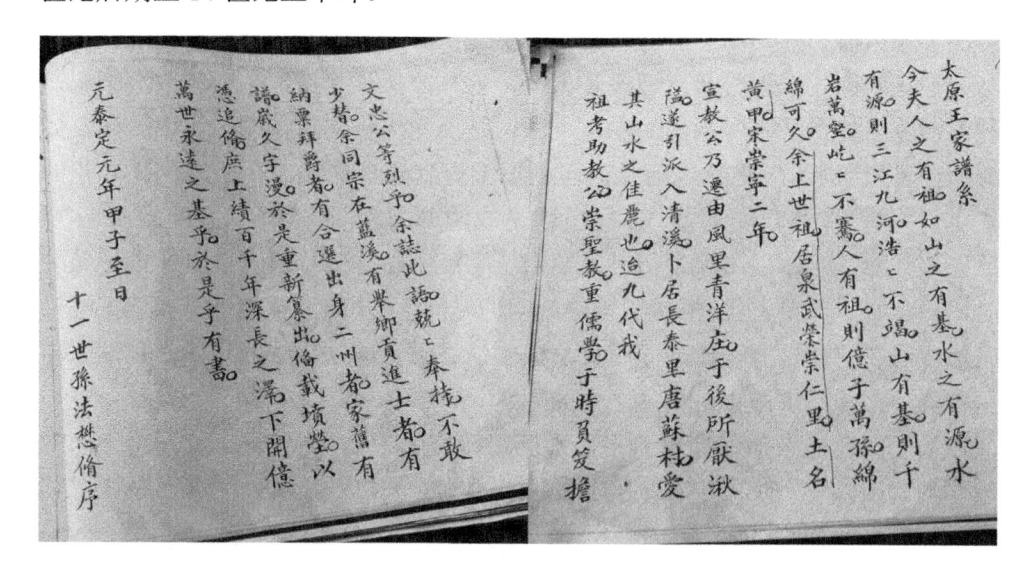

图3　元泰定元年王法懋谱序（王超德提供）

王法懋修谱所处的时代，谱牒文化发展和木活字印刷技术的应用，对其产生重要的影响。

一是元代人对修谱功能和指导思想比之前代有更进一步的认识。由于蒙古人入主中原，大宋江山沦陷，元代汉人深感江山社稷的易主在于民族凝聚力衰退，一改宋代修谱以尊祖敬宗为目的的思想，多把修谱作为医世治俗，力求追远，以收族为主要手段，更注重于宗族血脉的延续，加强宗族的团结，造就一个亲情血脉的利益共同体，从而规范了后世的修谱思想。元人徐明善明确指出："今宗法驰，犹赖谱可以收族人也。"（《芳谷集》卷上《太原族谱序》）所以，在元代文化荒芜的环境中，许多深谙谱学的文人投身于修谱的行业，上述谱文对王法懋的描述，作为隐居乡间的文人，以修谱为业，正符合元时民间兴修谱学的情况。

二是王法懋修谱当时距王祯于公元1298年创制木活字印刷成功和《农书》印行仅二十多年。王祯在《农书》"造活字印书法"的结尾时有一段不无担忧的话："今知江西，见行命工刊板，故且收贮，以待别用。然古今此法未有所传，故编录于此，以待世之好事者，为印书省便之法，传于永久。"文中表明王祯担心木活字印刷技术失传，故将其技术编录于《农书》中，以备后人应用。从史料来看，王祯以后的木活字印刷技术，在相当长的时期内，并未在中国各地主流书籍刊印中广泛使用，主要是在江南和闽浙一带产生影响。

三是皖南、福建、浙江地区多山区，竹林茂盛，制作纸张材料取之不竭，峡谷溪流又提供了制作纸张的丰富水源，是历朝历代书籍印刷的集中地区，如有"建本""浙本"之称。而且，印刷史上提到的马称德，在浙江奉化知州的任上，"镂活字版至十万字"，比王祯记载的刻制木活字还要多三倍多，在至治二年（1322）印成《大学衍义》等木活字版书籍。马称德木活字印刷记载的时间是1322年，与王法懋所撰谱序载明的时间1324年大致相当，说明王法懋既然生活在王祯、马称德的同时代，又生活在书籍印刷集中的福建，王法懋使用木活字来印刷宗谱该是情理之中的事。

由于后世的宗谱编印普遍采用木活字印刷的方式，"梓辑"特指用木活字编印的宗谱，"谱师"因而成为修谱先生的尊称，宗谱扉页上的署名都带"某某某梓辑"的特定格式。

3. 王氏宗族修谱历代传承考

从现存以王宣教为内纪始祖的各地、各年代版本的宗谱断续记载中可以看出，元代以后，其后裔多次分支迁徙，散布到闽南、闽北、浙南、江西、中国台湾等广大地区，许多王氏子孙在各地还一直继承祖传的修谱手艺，并作为家族的传统和荣耀而记载下来。如《王氏宗谱》王阳条下记载：

公与仕华公于嘉靖丁酉年，修谱沧浯石岩。

王阳居安溪长泰里，沧浯为今金门岛，王阳与仕华公远到金门岛，显然是为他人修谱。

又谨吾条下记载：

公以尚书显于庠，万历乙未修谱。

阳与谨吾为父子，说明了这项技艺是他们父子家族的传承。

又如祚焜条下的记载，康熙年间"公修谱二次，世系赖以不朽也"。

又文协条下记载："乾隆庚子年，公修谱"，等等。

明弘治至嘉靖年间，安溪王氏家族的政公独霸山地家产，与弟弟信公失和，信公另立门户，独建祠堂，开启新的王氏宗族支派。中国古代是农耕社会，人地关系是主要的社会矛盾。明天启六七年间（1626—1627），信公长房第四代嫡孙王思勋五兄弟看到家族人口繁衍很快，故地发达无望，于是合族从福建安溪迁徙到浙江省平阳县的北港四十二都翔源。《王氏宗谱》记载："五公，明天启六七年间，同移温州府平阳北港四十二都翔源住，分提在后（指另起房族支系）。"又百年之后，清乾隆元年（1736），长兄王思勋的第四代孙王应忠看中山北边依山傍水，适宜大家族生存发展的瑞安县平阳坑地方，《王氏宗谱》记载："应忠，讳应文，字伯臣，号亮菴……公于乾隆元年，迁居瑞邑四十四都东源，留长子住翔源祖屋。享寿八十有七，五世同堂。"从此，王应忠这一支家族，除留长子在翔源外，率另外五个儿子迁居到现在的东源村安定下来，耕读传家。

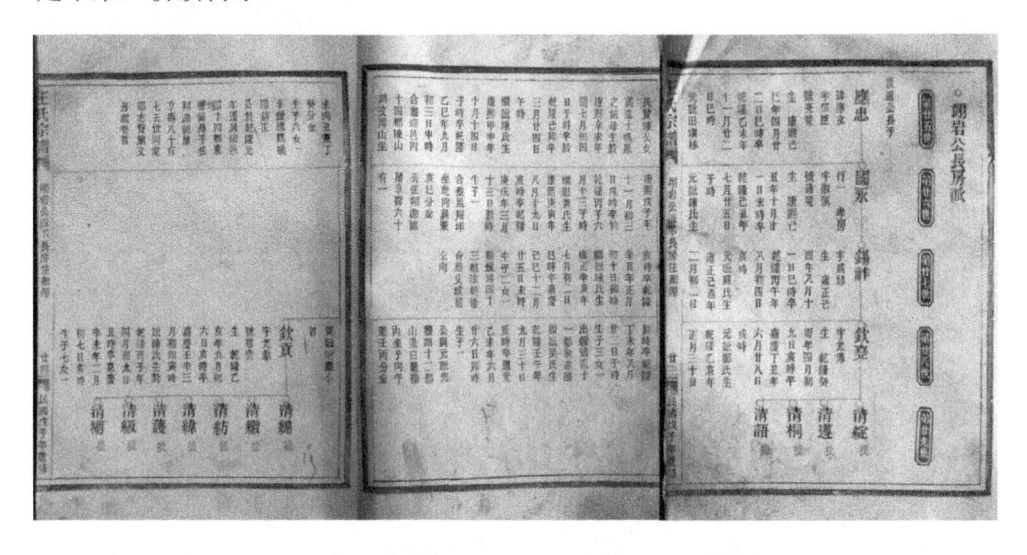

图4 《王氏宗谱》王应忠迁徙东源记（王法炉藏）

4. 东源王氏家族近代木活字印宗谱传承考

东源村旧称东岙，明清时期属瑞安县安仁乡四十四都，位于瑞安市平阳坑镇东南部、东岙山西麓、温州第二大水系飞云江下游南岸，地处北纬27°41′、东经120°10′，是古时平阳、苍南、文成、泰顺四县前往瑞安和温州市区水陆码头、交通要道，有小溪穿过村前而汇入飞云江。全村占地面积约0.63平方千米，现有400多户人家，人口近2000人，其中，自平阳北港四十二都翔源迁徙过来的王氏家族近700人，是东源村的一族大姓。

图5　依山傍水的东源村

迁居东源村的王应忠时年48岁，次子国永才21岁，六子位六（讳国严）尚9岁，其移居的困苦可想而知。王应忠在东源村后的一块小山坡上，搭建临时小棚户安置家人，在一隅他乡别土上开荒种地，另立一方家业。艰难困苦之中，王氏家族举族奋强，特别是幼子王位六，天资聪慧，读书自强，耕读传家，开办王家书院，供家族子弟读书。王位六作为读书自立的邑庠生，功名进阶无望，就操起木活字印刷为宗族修谱的祖业，在获得丰厚经济收入的同时，还能向房族和宗族子孙传技授业，传播了木活字印刷技术。所以，东源王氏的木活字印刷技术除在六房的各支派中广泛传承之外，其他各房也都有能干子弟学得手艺，并逐步扩散到外姓、外村人们。此后，修谱和木活字印刷手艺使得王家许多人发家致富，读书、入仕，荣耀乡里，渐渐地发达成为当地一门望族。

十、瑞安木活字印刷技术传承历史考

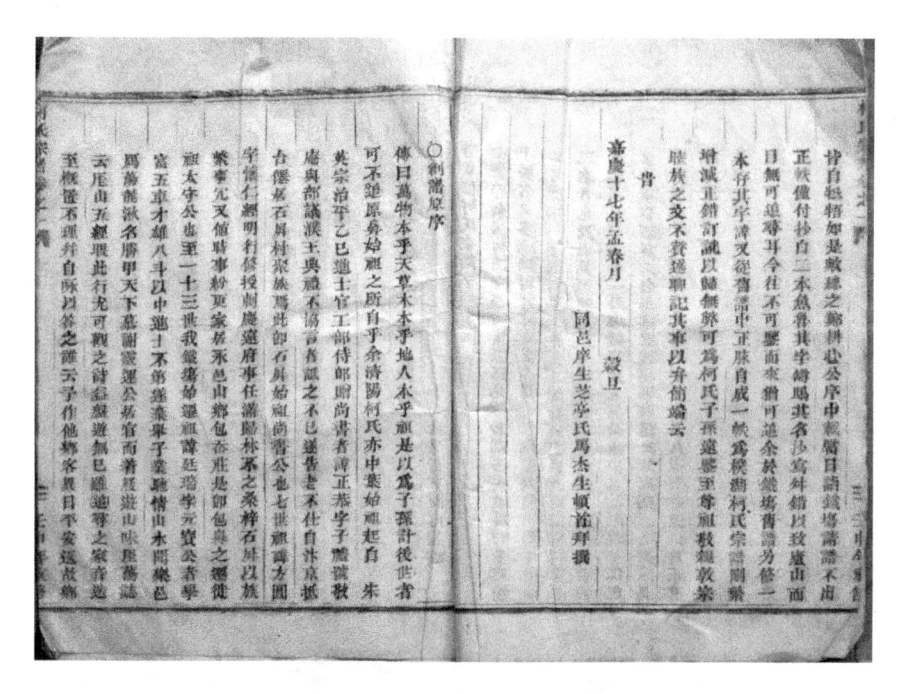

图6　清嘉庆壬申年（1812）瑞安东源王氏梓辑《柯氏宗谱》（王钏巧藏）

图7　清道光五年（1825）瑞安东源王氏梓辑曹村《翁氏宗谱》

对于那个时期王氏家族生活状况和对祖传木活字印宗谱技术的继承，在东源《王氏宗谱》邑庠生王宝忠条目记载的结尾处，有这样一段122字的自记：

先君家贫好学，课子不以势，不以利，惟以诗书训。尝谓儿曹辈言："汝能读书荣名，吾愿足矣！"惜天下寿仅至五十四终。尤赖长兄、三兄，克遂乃父志，以谱学营利，助二兄与余成立，合爨四十余年，至光绪二十六年，正屋遇禄，长兄与余又合爨数载，卜筑小厦而各居。谱竣，略志数语，表吾父兄前后苦心，以示后昆不忘云！

图8 《王氏宗谱》王宝忠自记（王法炉藏）

文中王宝忠叙述道，其父王清璜尽管家境贫寒，但不去教育子女趋势附利，而是教导他们认真读书荣名。可惜父亲五十多岁就去世了，兄弟四人继承父亲传下来的修谱手艺，从道光至光绪朝，四兄弟"合爨"数十年（炉灶为爨，合爨意指兄弟娶亲成家而不分家，共同生活和谋生计），靠修谱盈利致富。光绪二十六年，正屋遇"禄"（古人为避"火灾"之不祥而假借之词）烧毁，长兄与王宝忠又合力数年，为重建宅院。这是个执着传承着祖辈木活字印宗谱手艺，全家合力发家致富的感人故事，而且，王宝忠在自记最后，语重心长地告诫子孙后代不要忘却这段历史，继承木活字印宗谱的家传之宝。

就是靠祖宗流传下来的木活字印宗谱的手艺，这个家族多有建树，父亲王清璜是乡饮宾，长兄王鹤麟、二兄王松麟都是儒士读书识礼，季兄王宝谦获得宾介乡闾荣誉，王宝忠自己是邑庠生。现在还存世的光绪十一年（1885）鹤麟、宝忠兄弟梓辑的《高阳郡许氏宗谱》，鹤麟还为之作谱序，宝忠撰写了修谱赞言，正是兄弟合力修谱齐家的实物证据。

十、瑞安木活字印刷技术传承历史考

上述王清璜这一支家族木活字印宗谱的手艺一直传承到现在，如光绪十一年（1885）王宝忠与长兄鹤嶙（讳树范）梓辑的《高阳郡许氏宗谱》，光绪二十七年（1901）王宝忠五修的《高阳郡许氏宗谱》，其子王苊（号乙山）于民国二十二年（1933）梓辑的《颍川郡陈氏宗谱》，鹤嶙之子王鲁（号乙垣）光绪癸巳年（1893）梓辑的《栢叶林氏宗谱》和民国十年（1921）梓辑的《高阳郡许氏宗谱》现在都还存世。其家族手艺传承脉络清晰，王清璜之下，长子鹤嶙传艺子鲁，鲁传艺子增坦、增钿，增坦传艺子铨钵、铨木，铨钵传艺子法铢、法镜，铨木传艺子震。四子王宝忠传艺子苊，苊传艺子增蘅，增蘅传艺子铨耕、超德，铨耕传艺子法楷。王铨耕、王超德、王法楷都生活在现代，他们一直以传承祖上的这个手艺为生。

同样，王清璜胞兄王汝霖的这一支家族也传承木活字印宗谱手艺，以现存他们所署名梓辑的木活字宗谱实物为例，可以清晰地看出这支家族的传承脉络：如同治丁卯年（1867）汝霖同男名彝（骏良）梓辑的平阳岱山《王氏宗谱》；光绪戊戌年（1898），瑞邑东岙王茹古斋笏卿王高绅（景祥）梓辑的《天水郡姜氏宗谱》（景祥为骏良之子）；光绪己亥年（1899），瑞邑东岙王茹古斋王高绅（景祥）梓辑的《太原郡温氏宗谱》；民国元年（1912），瑞安东岙国学生王景祥同男松轩梓辑的《黄氏宗谱》；民国戊辰年（1928），瑞邑四十四都东岙王茹古斋王松轩、王朴如梓辑的《曾氏宗谱》；民国三十七年（1948），瑞安东岙王松轩同男叔木（肃穆）梓辑的《黄氏宗谱》；1976年，瑞邑茹古斋无为氏王肃穆（铨椒）同子潭、海秋镶版《郑氏宗谱》；2006年，王海秋率子崇仁、崇德梓辑的《荥阳郡潘氏宗谱》。

其中王松轩两兄弟都从事修谱，其胞弟仲华把手艺传给儿子铨多，铨多传艺于子法浪、法柱。单从这有明确记载和历史实物为证的传承来看，从王汝霖、王清璜兄弟到现在法字辈族人，其直系血缘就连绵不断的七代传承木活字印刷，"茹古斋"谱局堂号也沿用了一百多年。

现存世所见到东源王氏家族梓辑的木活字宗谱，还有以下作品：道光五年（1825）曹村《翁氏宗谱》；光绪丙午年（1906），瑞邑东岙宗侄庠生琴堂焜梓辑的平阳岱山《王氏宗谱》；民国己丑年（1949），瑞邑四十四都平阳坑东岙王为政堂淑玉梓辑的《严氏宗谱》；1958年，瑞邑平阳坑东岙王叔玉同孙铨八梓辑的《魏氏宗谱》；1968年，瑞安平阳坑东岙王绍槐堂王志宦（增仕）梓辑的《颜氏宗谱》；等等。

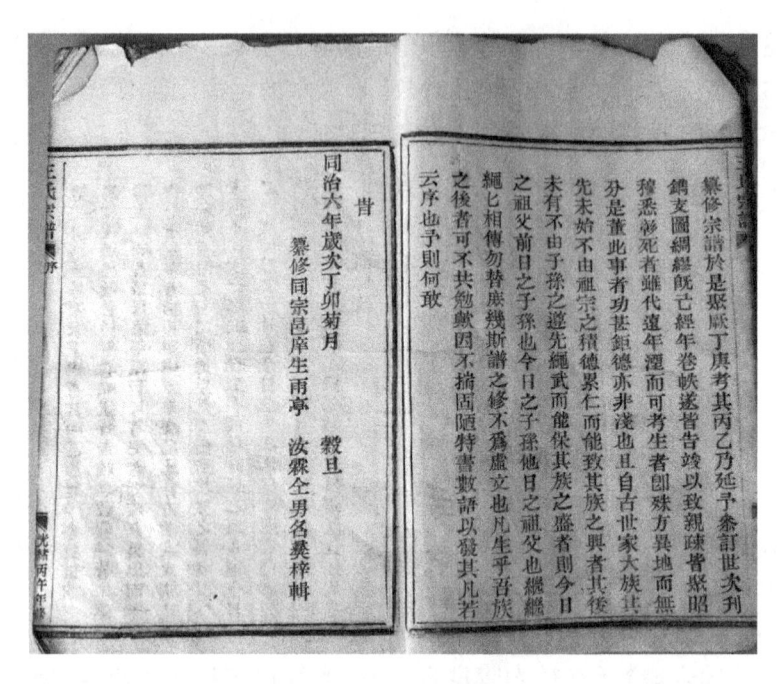

图9 同治丁卯年（1867）汝霖同男名彝梓辑平阳岱山《王氏宗谱》（王法浪藏）

图10 光绪戊戌年（1898）王茹古斋笏卿王高绅梓辑《天水郡姜氏宗谱》（王法浪藏）

图 11　民国戊辰年（1928）王茹古斋王松轩、王朴如梓辑《曾氏宗谱》（王海秋藏）

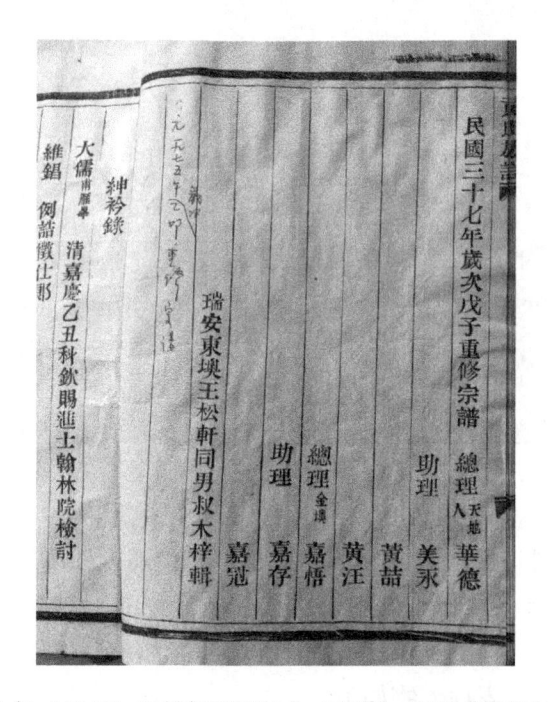

图 12　民国三十七年（1948）王松轩同男叔木（肃穆）梓辑《黄氏宗谱》（王法浪藏）

以上这些木活字宗谱的梓辑者虽出自不同的房份分支，但都是东源王应忠的后代，这种现象在浙南闽北各地各时期修谱记录中随时可见。例如，瑞安市平阳坑镇塘岙村陈氏家族，从咸丰十年（1860）至2021年先后十次修谱，从其《陈氏宗谱》记载的来看，都请东源王氏家族的谱师：咸丰十年（1860），由东源王氏六房19代传人王汝霖梓辑；光绪十年（1884），汝霖子，六房20代传人王骏良梓辑；光绪年间（具体年月记录缺失），汝霖弟清璜四子，六房20代传人王宝忠梓辑；光绪三十一年（1905），骏良子，六房21代传人王景祥梓辑；民国辛酉年（1921），宝忠子，六房21代传人王乙山梓辑；1977年，六房22代传人王志俊梓辑；1979年，六房21代传人王声初梓辑；1992年，六房23代传人王钏巧梓辑；2004年，二房23代传人王钏鸥梓辑；2021年，二房24代传人王法仔梓辑。

图13 塘岙《陈氏宗谱》

根据家族史料记载和现代族人的回忆，从晚清到20世纪中后叶，东源王氏家族有影响的前代名师有汝霖、清璜、昆、骏良、鹤嶙、宝忠、宝书、宝琪、景祥、鲁、苣、声初、增纯、增波、增注、增廪、增仕、铨椒、铨坤、铨多、铨鸥等前辈，代表性人物如下。

十、瑞安木活字印刷技术传承历史考

王宝忠，邑庠生，讳树义，字名道，号弦南，生于咸丰乙卯年（1855），卒于民国癸亥年（1923）。王宝忠在《王氏宗谱》中的自记，为我们现在探询木活字印刷传承的历史提供了一份直接的史料佐证，他本人是一位勤奋的谱师，我所见到的出其梓辑现存世的木活字宗谱，就有光绪十一年、光绪二十七年《高阳郡许氏宗谱》等十余种，其下四代子孙一直继承木活字印刷的技术。王宝忠娶瑞安曹村武举人林锦荣的长女为妻，对曹村林氏传承木活字印宗谱的手艺产生影响。

王宝书，字名麒，讳树麟，号玉书，生于咸丰丁巳年（1857），卒于民国癸亥年（1923）。据族人回忆，王宝书为乡间间的读书之人，少时聪而慧，在木活字印刷的实践过程中，感到"君王立殿堂"捡字诗的五言 32 句 160 字诗句过长不易记忆，偏旁部首与字形相近混杂使用，规律不大统一，有时难以分清字形的归类，从而参照《康熙字典》，以偏旁部首拆分组诗，创意编成"凤列盘冈体貌鲜"七言 8 句 56 个字的捡字律诗，并寓意以"凤"来配"龙"（君王），从而形成了瑞安独有的"龙凤相配"的木活字印刷捡字诗的特色。乡间间闻其名声和才干，聘请他管理地方上的田册等事务，于是王宝书就把手艺和这首捡字诗传给儿子炳璧，炳璧后来又改行从医，就暂时将该诗搁置。到了炳璧的次子增仕，师从本房另一支的祖辈、名谱师树银，学的是"君王立殿堂"捡字诗，学成独立操业之后，增仕觉得祖父的"凤列盘冈体貌鲜"捡字诗比较好用，而且家传之宝不可弃，于是改用"凤列盘冈体貌鲜"捡字诗，并带上弟弟增立入行。从此，这首捡字诗就依次传承于三十世六房四增立子超希、超亮、超克，再传承超希子法崇，增仕孙法珊，增仕大弟增枢子钏茂、孙延林等这一家支至今，成为他们五代家传的法宝，外房仅传六房三弟名谱师增廉及子钏奉、超彬，孙法国这一支。

王鲁，儒士，讳炳藜，字高燃，号乙垣，生于同治壬申年（1872），卒于民国己卯年（1939），以其号"乙垣"为人熟知，谱局堂号"王就正堂"，我所见到的出其梓辑现存世的木活字宗谱，有光绪癸巳年《百叶林氏宗谱》、民国十年的《高阳郡许氏宗谱》等十余种。鲁继承其父鹤嶙和叔父宝忠的修谱真谛，无论是谱学知识还是木活字印刷技艺都名噪一时，出其门下的房族学徒众多，著名的如六房四的叔辈宝琪（树银）等，曹村其姐夫林上德的木活字修谱手艺就得到他的传授，到现在国家级木活字印刷技术代表性传承人林初寅已是林家第三代的传承。

王宝琪，原名树银，字名金，号叔玉，别号球，生于光绪丁酉年（1897），卒于1983年。我所见到的出其梓辑现存世的木活字宗谱，有民国己丑年《严氏宗谱》、1958年的《魏氏宗谱》等十余种，谱局堂号"王为政堂"。王宝琪早年跟六房三房支的侄子王鲁学技艺，在其一生修谱生涯中，带了大批族内族外的学徒，如后辈名师王增纯、王增仕等许多家族成员都出其门下，至今徒子徒孙还有数十人。王增仕（号志宦）师从树银学成之后，带胞弟增立入行，现在增立的四个儿子超希、超亮、超锦、超克及长孙法崇都从事木活字印宗谱技艺；而增仕不仅将技术传给了长孙法珊，还传授给三弟增枢的两个儿子钏茂、钏陆和孙子法印、延林，等等。王宝琪膝下无子，过继了侄子炳朝，炳朝的两个儿子钏封、钏八也都传承了手艺。再之下，王钏封五子法鎏、法炉、法鋭、法钞、法厂和王钏八三子法叶、法铄、法表及长孙许林等都从父辈祖辈继承了木活字印刷的技术。

瑞安东源王氏家族木活字印刷（修谱）传承世系简表可扫码阅读

以上例举说明，虽光阴荏苒，但木活字印刷和修谱的手艺，在移居东源后的王氏家族中，薪火传承近300年10余代从未中断，从王法懋到现在东源王氏的其字辈，已传承了25代686个春秋（至2010年），增、铨（超）、法（腾）、其，这四个行辈是近数十年谱师队伍的主力。

5. 木活字印宗谱王氏家族以外传授传播考

瑞安木活字印刷技术的传承是延续历史的民间行为，它的主要特征是扎根在农村，依靠家族、家庭的纽带，或父子传承，或同姓身份带徒传授。在历史流变的过程中，东源王氏家族这项木活字印刷技术也逐渐随联姻和邻里关系，逐步授艺于外姓、外村甚至外县人，在一些外姓家族中也传承了数代。

通过姻亲关系传授技艺，是这个群体传承扩大的主要途径，东源王氏家族向曹村林氏家族传播木活字印刷技术就是个典型。

在东源《太原郡王氏宗谱》和曹村《百叶林氏宗谱》记载中，有清一代王、林两姓双方族人有功名或殷富之家的联姻较多,这与讲究门当户对、荣宗耀祖的攀亲意识有关。现木活字印刷技术的国家级非物质文化遗产代表性传承人林初寅,祖上数代都有学业绅名,高祖林培英、曾祖林崇修、祖父林上德都为读书之人。其中,在东源《王氏宗谱》中撰写自记,叙述兄弟合力,以修谱发家致富的王宝忠,娶的就是曹村西山下(今西前村)林培英亲堂兄武举人林锦荣长女为妻:

《王氏宗谱》宝忠条载:"妣,本邑三十七都曹村西山下武举人林锦荣公长女。"

《林氏宗谱》锦荣条载:"生子三女二,长适四十四都平阳坑东岙邑庠生王宝忠。"

王宝忠的长兄鹤嶙,将自己的大女儿嫁给了林锦荣伯伯林王秀的曾孙林上德:

《王氏宗谱》鹤嶙条载:"女二,长翠花,适本邑三十七都曹村西山下国学生林崇修公长子,名敬明(注:《林氏宗谱》载其名上德,讳敬明)。"

《林氏宗谱》上德条载:"配四十四都平阳坑东岙王氏儒士名畴(注:鹤嶙字)公女。"

上德之子林时生,林初寅是时生次子,因而林初寅与东源王家的"铨"字辈是姻亲血缘的表兄弟关系。

图14 光绪癸巳年(1893)王就正堂梓辑《佰叶林氏宗谱》(林初寅藏)

从《林氏宗谱》两次修谱记载，可以看出东源王氏家族向曹村林氏家族传授木活字印宗谱的关系。林初寅家族的光绪癸巳年（1893）《百叶林氏宗谱》，署名"王就正堂梓辑"，王就正堂是林初寅祖母王翠花的兄弟、东源名谱师王鲁（乙垣）的谱局堂号。林家传得木活字印宗谱的技术后，名其谱局堂号为"林问礼堂"。到民国六年（1917）《佰葉林氏宗谱》再修的时候，署名则是"平阳坑王就正堂、西山下林问礼堂同梓辑"，该谱的"续修谱序"落款为"裔孙时生育卿氏谨撰，同东峊舅父王乙垣梓辑"。民国十六年（1927），再修《佰葉林氏宗谱》，落款已为"瑞邑三十八都曹村林问礼堂梓辑"一家，可见木活字印刷手艺上通过姻亲关系的影响和传承历史。

图 15　民国六年（1917）平阳坑王就正堂、西山下林问礼堂同梓辑《佰葉林氏宗谱》（林初寅藏）

图 16　民国十六年（1927）瑞邑三十八都曹村林问礼堂梓辑《佰葉林氏宗谱》（林初寅藏）

十、瑞安木活字印刷技术传承历史考

瑞安陶山人黄则许，1944年从瑞安师范学校毕业，1945年拜一江之隔的马屿南口村谱师傅植豪为师，学习木活字印宗谱技艺，以"仰坚堂"为其谱局堂号，从此数十年以此为生，带着女儿黄爱玉、儿子黄笃俱和黄笃备一家，辗转各地为人修谱。对于木活字印刷技术的传承历史，黄则许只知道他师父的师父叫傅章秀。

傅章秀，学名佐，号黻臣，马屿南口村人，生于光绪辛巳年（1881），卒于民国癸未年（1943），与傅植豪是叔侄关系。至于傅章秀师从何人，黄则许并不能回忆起师承脉络，但他出示其使用的捡字口诀，正是东源王氏家族王宝书所作的"凤列盘冈体貌鲜"七言8句56个字的捡字律诗，只不过在后面添了四句："光升户庸人耕务，月色向屏帏兵军。面目齿发平上下，内中乖各必缺杂。"后四句用字套取"君王立殿堂"五言捡字诗的形式，是其师父在使用中增补上去，便于排放单字的用途。王宝书长傅章秀24岁，是傅章秀的前辈，可见傅章秀也是师从东源王宝书家族学的木活字印刷技术。

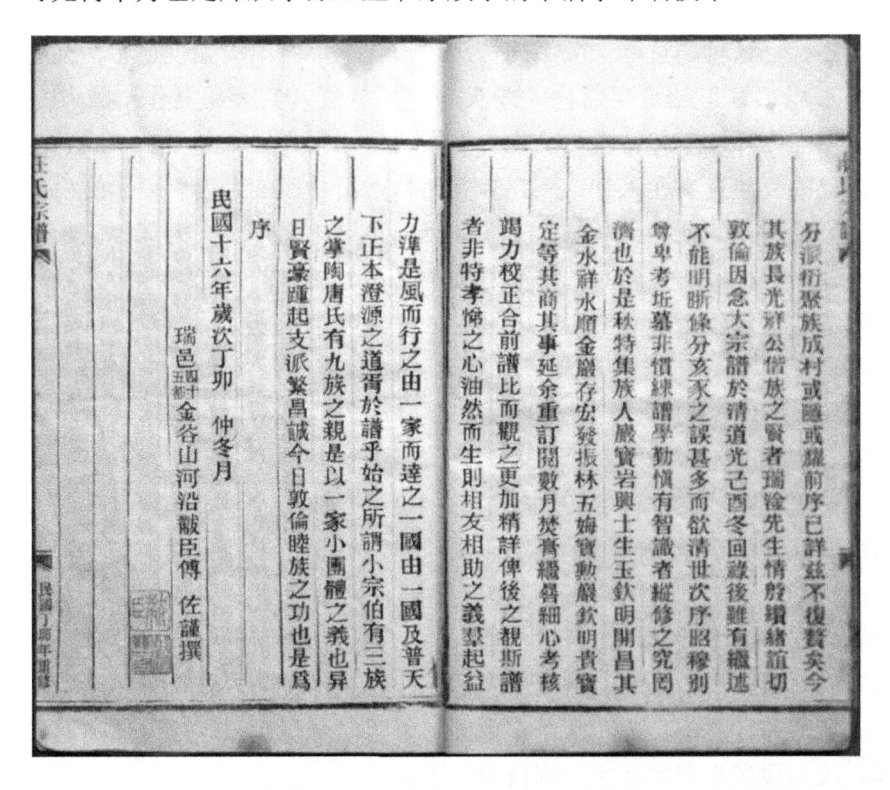

图17　民国十六年（1927）瑞邑四十五都金谷山河沿黻臣傅佐梓辑《庄氏宗谱》（王钏巧藏）

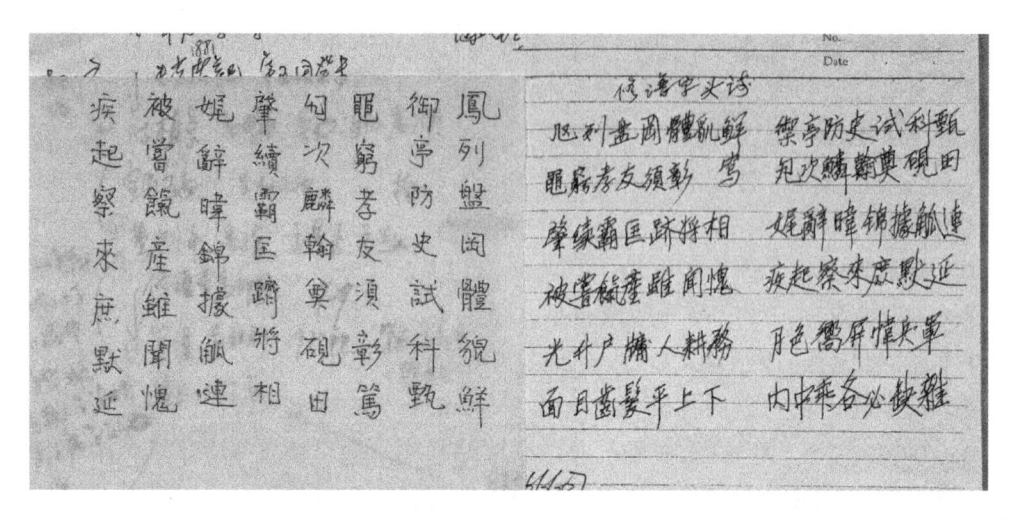

图 18　"凤列盘冈貌鲜" 捡字诗
左：由东源王氏三十世六房四家族提供；右：由黄则许提供

在当代，这种通过姻亲关系的传承还很普遍。典型的如王超希、王超亮、王超克三兄弟。王超希娶邻村大龙头马爱华为妻，其妻弟马作一就拜王超希之父王增立为师，王超希自己又收另一妻弟马作锡为徒，马作一学成手艺，又带了自己的妻弟董文龙入行。王超亮娶邻村南山林凤仙为妻，妻子的祖父林维道、父亲林培龙两代均师从东源王氏，妻弟林宝庄另拜姐夫为师。王超克则收同学潘朝柑为徒，而王超希的姑婆嫁到数十里外的营前，通过这层关系，王超希又收了那里数位姻亲后生为徒。再如，王法叶带了妻弟许一黄，又带了外甥潘永和；王其锦、王志力夫妻带上妻弟王志武搭班；潘朝良的谱班，更是兄弟、妻弟数人，温州人"抱团取暖"谋生计、创业精神，也是木活字印刷技术得以传承至今的内在动力。

东源王氏家族的木活字印刷技术的传授是开放的，早在民国时期，邻县平阳敖江的孔崇溪在东源学得木活字印刷技术，后来在当地传播了这项手艺。张益铄回忆 20 世纪六七十年代，许多邻县平阳人都偷偷跑到东源来学木活字印刷技术。国家级木活字印刷技术传承人林初寅现在所带的学徒，还有好多位来自瑞安以外地区。再如政府认定的木活字印刷技术传承人张益铄、王志仁、潘礼洁、吴魁兆、潘朝良等，都是东源同村邻里，从王氏家族的谱师中通过师徒传承，成为现在掌握木活字印刷技术骨干。

十、瑞安木活字印刷技术传承历史考

图 19 瑞安市活字印刷协会成立时的谱师合影（张于东、胡激勇摄）

图 20 瑞安的谱师们默默耕耘着二尺木活字字盘，
将中国古老的活字印刷术一代代传承下来

北宋庆历年间，布衣毕昇用胶泥为材质发明了活字印刷术，这是人类知识传播史上的伟大丰碑，启迪后人不断地创新发展。元初王祯采用木活字印刷书籍，不仅实践了木活字印刷的实用性，而且记载了技术工艺流传后世。近千年来，活字印刷术不仅在书籍印刷上传播了人类文明，而且超越了书籍印刷的本体，告别"铅与火"，迎来"光与电"，及至互联网技术的当代，信息的交流、文字的创新设计等领域，中国活字印刷术的影响力无处不在。瑞安木活字印刷技术的历史传承和当代继承，是这项对世界文明进程产生巨大影响的中国人民发明创造的历史见证，也是以东源村王氏家族及一代代民间工匠们，对传统文化技术的自信与自觉挚守坚持精神的见证。因此，活字印刷技术的发明应用与传承史，是中华民族精神的当代写照，弥足珍贵。

十一、文化创新背景下活字印刷的商业价值和发展模式

魏立明[①]　刘琳琳[②]

活字印刷术是众所周知的四大发明之一。目前，大众对于发明活字印刷术的毕昇和胶泥活字的认识是清楚且广泛的，但仅限于小学三年级、初中二年级中简短的两个章节，对具体发展路线、传播范围、材质区别、传承体系、应用范畴是陌生的。

宋代著名政治家、科学家沈括（1031—1095）在《梦溪笔谈》中详尽地记载了毕昇制作泥活字进行印书的过程，这一无可辩驳的史实已为世界多数科学家接受。然而，国外仍有不少专家对中国发明活字版印刷术表示怀疑，认为活字印刷术只不过是古代中国人一个并不成熟的构想，而不是一项伟大的发明。中国的学术界也因为长期未找到中国早期的活字版印刷品实物而感到遗憾。因为利用文献考证的结果再加上实物例证更能说明问题。

直到1991年，宁夏贺兰县拜寺沟方塔废墟中清理出一批西夏年间（1038—1227）文物，其中的佛经《吉祥皆至口和本续》九册经专家鉴定为木活字印本。这是目前世上最古老的木活字印刷品。这件印本作为实物证据有力的证明了活字印刷术的起源和应用，但中国历史上出现的活字类型众多，除木活字外，还有泥活字、铅、锡、铜等金属活字，历史文化庞杂深厚，整体上

---

① 魏立明，"一是了"品牌创始人。"一是了"诞生于陕西西安，属于西安壹是了文化传播有限公司旗下品牌，专注传统字纸文化，深耕活字印刷、古法造纸，使当代人能真实感受汉字与纸张温度，提供产品零售、定制团采、联名合作、展览讲座等多样文化服务。

② 刘琳琳，西安理工大学印刷包装与数字媒体学院教师。

来说，我国目前对于活字印刷术的历史研究亟须完善，保护与发展之路任重道远。

1. 活字印刷技术发展现状

在 2010 年以后，多个国家机构和民间商业品牌开始关注和开展活字印刷的文化研究和商业开发，让其重新被拉入人们视野，让"00 后"的新青年们有机会亲手触摸、使用、携带走一颗活字。但因各机构的文化侧重点及商业模式的不同，新时期活字印刷的发展程度较其丰厚的历史积淀仍有较大差距，目前更多的局限于"活字外形、现代工艺、简单应用"，属于"旧"活字印刷文化的末期，"新"活字印刷文化的初期阶段，传统的字体设计品牌，诸如方正、文鼎等公司在活字印刷字体的提取保护、创作推广方面贡献诸多。在我国及东亚印刷历史发展进程之中，出现过不少优秀的活字字体，值得在 21 世纪的今天回到大众视野中。诞生于 1932 年，由中华书局的美术部主任、画家郑午昌创制而成，初期用于满足刊行教材的汉文正楷字体，广泛应用于古代典籍的复刻、教科书、教辅材料甚至日常票据的印刷，远销东南亚、日本、南美等地。

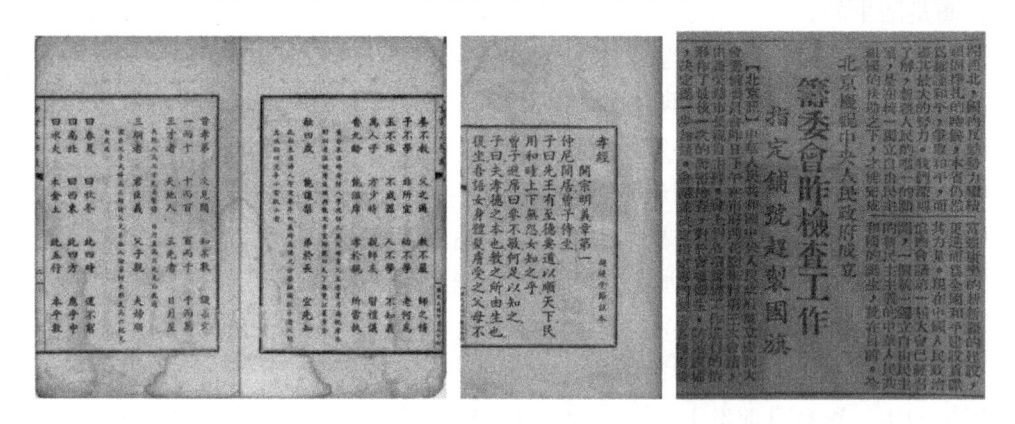

图 1　1933—1949 年汉文正楷字体刊物

方正字库从 2016 年开始汉文正楷数字化复刻工作，历时 6 年，于 2022 年 11 月正式发布方正汉文正楷大陆简体（GB 2312—1980）版。文鼎字库也将原上海字体研究室在 20 世纪 70 年代为铅活字所设计，1978 年获得上海市重大科学技术成果奖的著名活字字体"上海宋体"系列，重新修复创作出开源字体"文鼎上海宋体"。

十一、文化创新背景下活字印刷的商业价值和发展模式

福建的东源木活字印刷术、浙江的宁化木活字印刷术均被认定为省级非遗项目，得到政府关注及支持，其中东源木活字印刷术更是在 2010 年入选世界级非物质文化遗产名录。这代表着木活字印刷术在国际上得到认可，不仅是对非物质文化遗产的保护和传承，更是对当地文化自信、经济发展和文化交流的重要推动力。

铅活字作为德国人 J. 谷登堡开创机械印刷时代的产物，自 1812 年进入中国，从辛亥革命到改革开放前的大规模应用，最多时从业人数近百万，其对中国近代的字体设计、印刷出版、文化传播影响深远。直到 1990 年计算机排版技术盛行，遭遇全面淘汰，铅活字在中国落地生根近 200 年。尽管行业已经没落，但其并未消失，近年来不断有年轻的创业者、设计师、学者，从各角度参与铅活字的研究和推广，已经在全国范围内形成了文创产品争相绽放的热潮。

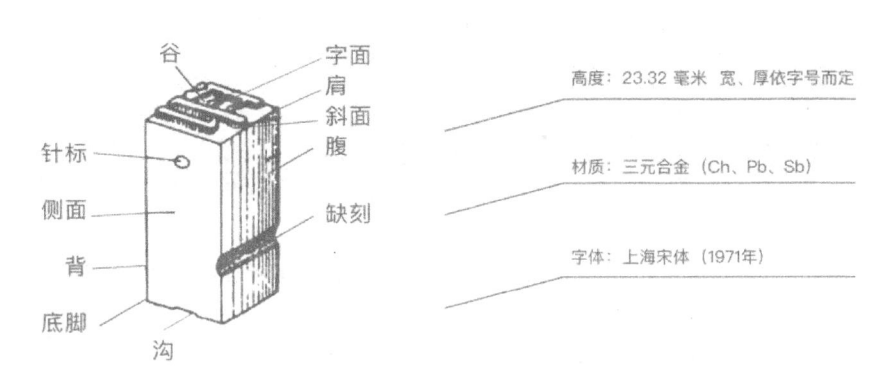

图 2　铅活字构造

以笔者从事的"一是了"文创品牌为例，历时 3 年，复活铅活字印刷全套流程，通过打造充满文艺气息的"一是了活字印刷体验馆"，展示历经"铅与火"的淬炼，由百年"铸字机"和 20 世纪"上海铜字模"一笔一画铸造出来的几十万枚活字，采用当下深受大众喜爱的沉浸式体验方式，置身其间，从数万枚活字中一个个检索，按照喜欢的方式排列组合，放入花瓣草木，用心抄纸，排版拓印，将情思心意寄托于字里行间，如一场穿越百年的华夏文明对话。

澳门大学教授、学者孙明远也从字体角度切入，于 2018 年出版了《聚珍仿宋体研究》，这是国内首次针对一款汉字活字字体进行了全方位多维度考证、研究的专业性著作。聚珍仿宋体是最具有代表性的活字字体，该字体诞生

于西式活版印刷技术时期，是中国活字字体史上的里程碑，反映了雕版印刷字体向活版印刷字体转变的重要节点，也见证了活版印刷技术向照相排版、桌面排版技术转变的历史进程。该书的成功出版也让活字再一次引起国内外目光的关注。

图 3 《经济学人》DECEMBER 21ST 2019-JANUARY 3RD 2020 文章封面
Pinting from hot-metal type became obsolete 40 years ago，but it refuses to die
（译：热金属活字印刷术 40 年前就过时了，但永远不会消失）

因此，就如同 2019 年笔者接受英国《经济学人》的一篇全球通稿采访中，记者谈道"我们在全球范围内感受到了一股活字文化的复兴浪潮，全球各地的活字爱好者、创业者都参与到了这场运动中"。

近年来，对于活字印刷的研究百花齐放，新生力量涌动，推动着活字印刷朝向新的历史时期发展。

2. 不同类型活字印刷商业发展模式

（1）泥活字印刷术。

工艺制造：胶泥刻字，每字一印，经火烧硬而成泥活字，在两块铁板上交替排版和印刷。

十一、文化创新背景下活字印刷的商业价值和发展模式

历史文化。北宋庆历年间（1041—1048）中国的雕版印刷工人毕昇（970—1051）发明的泥活字，标志着活字印刷术的诞生。泥活字发展自成一派，直至清咸丰七年（1857）翟金生还在使用翟氏泥活字对明嘉靖年间排印《泾川水东翟氏宗谱》。目前，翟氏活泥字实物被收藏在中国科学院自然科学史研究所、中国历史博物馆等地。泥活字印刷的文献记载或出土实物较为少见，目前尚未有案例或资料显示有相关从业者或代表性创作者存在。

商业应用。泥活字印刷的工艺复原和保存难度较高，其历史意义远大于实用价值，所以目前更多的存在于教学文字、教具展示、博物展品中，被商业项目采用较少。目前，在二手市场中大量存在当代复制的泥活字实物及印刷品，但国内学者及机构在"泥活字"印刷品、相关文物的鉴定中经验较少，难以确定其真伪。

（2）木活字印刷术。

工艺制造。木活字是用于排版印刷的木质反文单字。使用用梨木、枣木或者杨柳木雕成，取材方便，制造简单，缺点是木料纹理疏密不匀，不易保存、人工刻制困难。

历史文化。王祯（1271—1368），元代东平（今山东东平）人，中国古代农学家、农业机械学家，在大德二年（1298）制造3万余个木活字，排印《旌德县志》100部。大约在元成宗大德四年（1300）著成《王祯农书》或《农书》。《农书》末附撰《造活字印书法》，记述其木活字版印刷术。

2010年11月15日《中国活字印刷术》使用温州瑞安东源村为主体进行申报，成功进入《急需保护的世界非物质文化遗产名录》，随着世界级、国、省、市级非物质文化遗产名录的进入，使得各地域、流派的木活字印刷术拥有健全的制度化监管体系，让木活字的传承历史更为清晰、制造技艺也更具传承意义。

商业应用。木活字具有文化历史清晰、制造工艺明确、从古至今使用未曾中断的特点，在主题博物馆、发源地旅游、文化场馆体验、礼品销售方面近年有较好的发展，但因其木质材料的原因，如按传统工艺人工选料、刻字，时间及财物成本巨大，不能快速的进行商业推广。在目前大规模的商业应用中，广泛使用的是现代机械木雕刻工艺，其极大地促进了木活字的发展，但也缺失了木活字的历史文化、匠人手艺的传递，笔者认为其向下可进行机械工艺木活字

的文创销售与文化体验推广，构建民族木活字品牌。向上应专注于木活字的字体、刻制工艺、材料考究、历史文化资料完善等工作，培养出一批具有创新、工匠精神的代表性传承人。赋予其不可比拟的历史优势、人文技艺，创作出具有收藏和使用意义的木活字文化佳品。

（3）金属铜活字印刷。

工艺制造。以铜铸成的用于排版印刷的反文单字。

历史文化。最早的有明代弘治三年（1490）江苏无锡华燧（1439—1513）以铜活字印成《会通馆印正宋诸臣奏议》50册，中国铜活字流行于15世纪末至16世纪的南方，在清代康熙、雍正、咸丰等时期，以及东亚等国也鲜有使用。

商业应用。铜的熔点在1083.4±0.2℃，导致其铸字难度大、成本居高不下、推广困难，原材料价格的连年上涨，使得活字印刷术必备的、数以万计的活字字库基础成为资金负担，何况自古铜都是铸币所用的重要材料，非望族朝廷所能造。其历史文化价值及应用范围相较于木活字、铅活字均非常欠缺，历史上的铜活字制作方法效率、技艺水平较低，未有形成较为科学、高效、标准的生产工艺，只占据了活字印刷历史的一角。

如今，随着木活字及铅活字相关商业品牌的推广，一大批拥有铜材生成、金属雕刻、铜章制造能力的厂家和个人参与到铜活字的生产销售中。他们主要使用标准的铜质合金型材切割字坯，利用雕刻机械进行字面雕刻，雕刻内容不受限于传统的字体和铅活字的字模限制，定制快速。但其文化历史价值和产品的多样性亟须加强，需尽快寻找和塑造铜活字的独特价值和差异，否则只是一个拥有活字形状的现代工艺品。

（4）金属铅活字印刷。

工艺制造。铅活字合金由铅、锑、锡3种金属按照一定比例组成，使用铸字机和字模浇铸成形，成形后将字粒交由印刷工人排印成纸。

历史文化：1450年前后，德国人J.谷登堡使用铅合金浇铸活字排印书籍，开启了机械印刷时代。自1812年机械印刷进入中国，最多时从业人数近百万，其对中国近代的字体设计、印刷出版、文化传播影响深远。其间涌现出了一大批民族工业厂和印刷出版业前辈，其中著名的从业机构有民国和丰涌印刷材料制造厂、北京新华字模厂、上海字模一厂、上海字体研究室等，因其发展时期为近现代，所以相关历史资料、制造工艺、生产水平、应用场景等均为完整和丰富，但因其于1980年后面临全面淘汰，出现了字模设计，厂商停产转型，相关工种消失，历史资料缺、漏、丢等情况，也急需系统性的梳理和整理保存。

商业应用。因其生产工艺的先进性、标准化和当年全球印刷业的大规模使用，其在商业推广上的规模化效应较为突出，解决了铸造供应链问题后，活字生产的边际成本和材料成本具有优势，铅活字拥有文化历史、字体设计、印刷效果等优势，兼顾文化价值和商业要求，开发推广较为顺畅，其核心是向上继续寻求文化的核心价值，向下寻求文创载体的多样性。

3. 活字印刷在文化创新中的商业价值挖掘

活字印刷已经从工业时代的生产资料逐渐演变成新时代的文旅资源。

活字印刷属于典型的非遗文化体验项目和文创产品销售项目，目前发展较为粗放，没有分成比较明确的体系和发展路径，技艺上未形成像四大名绣、景德镇瓷器等项目的深度，流派传承上未具有像鼻烟壶四大流派、中国剪纸七大流派等的传承广度，没有引起政府的广泛关注和财政支持。

非遗类项目在商业发展中主要面临传承断层、市场认可与传播受限、商业化与保护之间难以平衡、资金与资源不足、管理与政策支持缺乏等困难。

这些问题和活字印刷发展有关，也和所有的非遗项目有关，需要从业者充分探讨历史文化内容、创新产品形式、积极推广，构建垂直领域的专业度。形成被市场认可的文化价值属性或商业价值，这无论对非遗保护项目的申报还是自身商业发展均是有利。

下面以"一是了"品牌发展作为商业案例进行讨论。

（1）品牌建设。

"一是了"采用汉字使用频率最高前十字之三作为名称，也表示将一件事情做好、做了之决心。品牌创立于陕西西安，定位中式字纸文创，确定了复活、创新、传承3个发展阶段。同时确定了以泥、木等其他活字为历史教育、文化内容，以近200年的铅活字印刷术做商业载体、进行产品开发的路线。

（2）复活、创新、传承三个阶段。

①复活。

在 21 世纪的现代去做一个 50 年前的东西，是比较艰难的，所有的供应链基本消失。所以花费了大量的时间进行产业链条重组，从复活开始到做出第一颗满意的活字，历时 3 年，耗资百万。比如最基础的铸字机。在内蒙古乌兰察布一个县城，找到一台铸字机器，它上一次开机还在 1991 年，400 千克重，拉回来时零件缺失不能使用，于是继续辗转找到了早年制造机器的"3 线厂"咸阳铸字机厂，而此时铸字机厂已倒闭重组 3 次，工人也已退休，返回原籍，后又苦苦寻得到当年工厂的师傅，利用图纸帮我们修复了机器，而这只是其中一台机器的历程。

复活过程不只是对铅活字工艺的复活，更多是对中国各型活字印刷的文化研究、学习求索之路。

②创新。

复活是艰难但却非常基础的一件事情，我们需要将大量时间和精力花费在复活后的创新的过程中，不然就会顾此失彼。创新过程可能长达数十年，这里需要解决的问题是，如何在将它拉回新时代之后，重新定义它的历史使命，就好比种完小麦后，我们是去磨面粉、做蛋糕，还是拿去提炼生物燃料、酿酒，这一切都皆有可能，只能去市场中寻找答案。

图 4　"一是了"文创品牌铸字机及工作人员

③传承。

活字印刷真正做到得到社会认可，有价值、有传播、有收入，才能谓之传承。活字存在了千年，暂时的埋没，是因为它失去了原本的社会生产作用。但我相信它凝结着千百年来人们的智慧结晶，有足够的文化底蕴，能在新的时期洗去铅华，重现光彩。

(3) 城市文化体验产品构建

目前2小时左右的城市文化体验多为作坊工厂式、走马观花式，作坊工厂式如造纸术、陶艺、竹裱、布艺等，参与者多是中小学师生、大学生研学、写生等团队，在相关工厂进行实地观摩、听取讲解、体验。侧重于现场感受，在短时间内，观看匠人创作，或参与某个环节，大多数体验项目缺乏非常重要的作品化的环境。这导致情感和文化获得感较高、体验感和作品创作程度较低，难以形成高效的传播和分享。

笔者多年从业经历认为，文化体验应当朝向课程标准化、体验定制化、结果作品化发展。

①课程标准化。应当确定课程标准、规范体验流程、提供标准高效的教学工具，尽可能地为每一批体验客户提供相同品质、专业、规范的内容。避免传承人本人或工作人员的个人知识量、精神状态，以及工具的结构复杂等对用户体验造成的不合理之影响。

例如，在"一是了"体验馆内的活字印刷及古法造纸根据不同客户的需求，制定了几套标准的讲解话术、课程工具、场地服务。

②体验定制化。在提供标准的课程演示和教学之外，需要为客户留存自主创作体验的空间、转化知识、调动参与感。如在活字印刷体验课中我们提供专业的知识讲解、体验演示、配套工具，还有标准的"活字"，让每个人根据自己的内心体会和感受去拣字创作，结果就是每个人的作品都是独一无二的，都是展现内心活动的。这完成了从标准到非标准到个性化的体验过程，将难以量产和规范的DIY体验商业标准化。

这其中还有4个字就是"协助客户"，协助客户就是指在提供标准化课程，以客户体验为本、协助创作、不干涉用户审美，不要求创作完美和一模一样的作品，充分发挥客户在课程里的参与度。

图5　西安"一是了"活字印刷、古法造纸技艺的体验馆

图6　西安"一是了"活字印刷、古法造纸技艺的体验馆

十一、文化创新背景下活字印刷的商业价值和发展模式

③结果作品化。感官上的收获是很难保存和记忆的,应当避免如在客户体验、学生研学时走马观花的观看,应该动动手,拍两张照片。需要唤醒和充分发挥非遗体验项目和其他手工项目最大的区别,就是文化获得感。结果作品化,就是使文化体验、自主创作、结果呈现形成闭环。让客户在感受文化之余,带走一个可赠送、可收藏、可传播、可分享的内容结果。

以上三点,总结成一句话就是"对文明的遗存与记忆,稍加雕琢,再讲传统文化创新再造再传播的同时,更多的是协助人们做出意见符合当代生活、审美和内心喜好的作品"。

(4) 文创产品的开发

文创产品大多指在具有一定文化价值的内容基础上进行产品创作,与客户产生情感联结和价值需求,创造有形产品或无形服务,从而形成消费意愿。

这需要创作者不断地探索梳理文化价值和内容、提高专业设计能力和商业敏锐度,及时让优秀的文化内容和现实环境中的实用价值产生联系,反复论证,最后形成一件具有文化价值的文创产品。另外,还要及时收集反馈、更新产品,形成产品创作和产品销售的良性循环。

非遗项目最好的呈现效果就是有成熟产品,同时还有背后深度的文化和实践体验。

图7 "一是了"品牌文创产品

目前在活字印刷领域文创产品大致分为两类:一类是材料包产品,比如古诗印刷材料包等;另一类是文具礼品类,比如用活字组成个人姓名的活字印章等。

但笔者认为这些产品相较于已存在近千年的活字印刷术,相对于它的历史时间和内容深度,显得初级且基础,我们迫切地需要所有从业者创作真正意义

上的"新"活字印刷作品，通过现象级产品让社会重新需要它、接纳它。让它在社会中可以自主、可持续地存在，让濒临消失的中国活字印刷术再次绽放光彩，继续展现其新时代价值。

（5）销售场景的塑造

有别于日常消费品，文创产品拥有文化内容属性，客户转化链条较长，在市场情况下不可能针对客户进行长时间、单独、深入讲解，如果想要提高消费频次和提高产品认知，构建和适配一个独特的场景也不失为一个方法。

图8 "一是了"品牌文创城市字空间场景

2013年起，国内部分实体书店逐渐探索转型为复合文化空间，顾客从读者变为消费者，从单一阅读走向生活，书店成为新的文化消费"场"。应书店多样化品类的需求与国潮文化的翻倍兴起，一是了重塑产品销售模式，提出文化传递与产品销售相得益彰的"字空间"场景销售概念，根据不同场景、不同面积实现模块化销售。经过数年探索，目前已在全国30余座城市，百余家城市书店落地，逐渐成为城市新书店文创配套服务商，为书店及各类文化场提供优秀文创产品的快速搭建、销售与文化营造。

十一、文化创新背景下活字印刷的商业价值和发展模式

这只是其中一个细分场景,我们期待大家在更多的领域和区域内焕新中华优秀传统文化,创造文创消费新价值。

千百年的活字是否再于当今熠熠生辉?

是问题,亦是动力!

附录一：

《黄冈日报》专刊报道

2023 年 4 月 28 日刊

附录二：

首届毕昇文化论坛主题学术报告摘录

中国印刷业高质量发展的现状、问题与路径

北京印刷学院副院长　王关义

　　文化是开启人类社会文明进程的钥匙，是推动经济增长的引擎。自2003年国家大力倡导发展文化事业和文化产业以来，文化产业发展突飞猛进。党的十九届五中全会对文化建设高度重视，从战略和全局上做了规划和设计，公布的《中共中央关于制定国民经济和社会发展第十四个五年规划和二〇三五年远景目标的建议》，明确提出到2035年建成文化强国。

　　印刷业是文化产业的重要组成部分，具有文化和信息双重属性。推动印刷产业提质升级是顺应技术进步、实现印刷业高质量发展的迫切需要，也是广大印刷战线工作者义不容辞的责任和光荣使命。

1. 中国印刷业发展现状

近几十年我国印刷业取得长足的发展。2021年，印刷复制（包括出版物印刷与专项印刷、包装装潢印刷、其他印刷品印刷、印刷物资供销和复制）实现营业收入13301.38亿元，与上年相比，增长10.93%。

根据《印刷业"十四五"发展规划》，到"十四五"末，印刷业总产值超过1.5万亿元，人均产值超过65万元；规模以上重点印刷企业产值比重达到65%，国家印刷示范企业和细分领域单项冠军企业增长引擎作用更加明显；喷墨数字印刷关键核心技术设备研发取得突破，印刷智能制造、新材料深入推广应用。

2. 中国印刷业发展主要问题

伴随着技术进步，进入互联网时代，数字阅读方式对传统的印刷产生巨大冲击，印刷市场的分化和多元化步伐在加快，不少传统印企的市场在丢失，有的也在萎缩，书刊印刷企业生存困难，行业竞争加剧，书刊印刷行业进入微利时代，一部分企业在加速扩张，但同时又有部分印刷企业从市场上退出。

印刷企业劳动生产率比较低、印刷业劳动力成本过高、印刷企业的偿债能力需要引起重视和印刷业从业人员素质亟待提升。

3. 中国印刷业发展对策建议

推动印刷业数字化、智能化转型。工业和信息化部在《"十四五"职能制造发展规划》中提出：2025年，规模以上制造企业大部分要实现数字化网络化，重点行业骨干企业初步实现智能化。结合这种大趋势，在生产技术的数字化转型、智能化升级方面多下功夫，印刷企业要走专精特新的道路。

提高印刷企业全要素生产率。党的十九大报告首次提出"提高全要素生产率"。全要素生产率是指在各种生产要素的投入水平既定的条件下所达到的额外生产效率。全要素生产率既是创新的一种度量，也是创新的一种手段，它归根结底来自重新配置效率。未来印刷业的增长主要靠提高全要素生产率。调查显示，企业普遍认为工资已不可能降，毕竟经济发展最终还是要让人过上好日子。企业都认为，尽管人工成本高、增长快，但是企业不大可能用压低工资的办法降成本。提高劳动生产率，成为多数企业降低用工成本的选择，要在推行

"机器换人"方面想办法。

　　提高印刷企业劳动者素质和企业科学化管理水平提高劳动生产率的另一个方面是加强培训、提升技能。建议政府主管部门增加印刷企业的培训机会和职工培训补贴，有助于减轻企业的成本压力，同时也有助于提高劳动者的技能水平。

毕昇泥活字印刷术实证研究及其对后世影响

中国印刷博物馆研究馆员　赵春英

毕昇发明泥活字印刷术因宋代政治家、科学家沈括在其所著《梦溪笔谈》中的记载，而被后人所熟知。英国科学家李约瑟对沈括和他所著的《梦溪笔谈》评价道：研究中国科学技术史必然会提到沈括和他的《梦溪笔谈》，它是中国科学史的里程碑，沈括是中国科学史中最卓越的科学家之一。沈括认为："至于技巧器械，大小尺寸，黑黄苍赤，岂能尽出于圣人，百工群有司，市井田野之人，莫不预焉。"正是基于这个思想，沈括才能在他所著的《梦溪笔谈》卷十八技艺门类中记录了布衣毕昇发明泥活字的工艺过程。

其内容为："板印书籍，唐人尚未盛为之，自冯瀛王始印五经，已后典籍皆为板本。庆历中，有布衣毕昇又为活板。其法，用胶泥刻字，薄如钱唇，每字为一印，火烧令坚。先设一铁板，其上以松脂、蜡和纸灰之类冒之，欲印则以一铁范置铁板上，乃密布字印。满铁范为一板，持就火炀之，药稍镕，则以一平板按其面，则字平如砥。若止印三二本，未为简易；若印数十百千本，则极为神速。常作二铁板，一板印刷，一板已自布字，此印者才毕，则第二板已具,更互用之,瞬息可就。每一字皆有数印,如'之''也'等字,每字有二十余印,以备一板内有重复者。不用则以纸贴之,每韵为一贴,木格贮之。有奇字素无备者,旋刻之,以草火烧,瞬息可成。不以木为之者,木理有疏密,沾水则高下不平,兼与药相粘不可取。不若燔土,用讫,再火令药镕,以手拂之,其印自落,殊不沾污。昇死,其印为予群从所得,至今保藏。"

短短 301 个字,却详细记录了胶泥刻字、火烧令坚、按韵储字、拣字排版、刷墨压印、拆版还字等泥活字印刷完整的工艺过程。但也有人质疑泥活字易碎,不能印刷。针对这些质疑,我们开展了用实践的方法验证泥活字是否可用的实验。在实验过程中,我们从胶泥制备、化学成分分析、火烧温度、火烧后的属性和强度、排版粘药配比、刷印极限等角度,以理论研究与科学实验的方法,证明了毕昇发明的泥活字印刷术是科学的并且实用的,开创了活字印刷术的新纪元,我们可以自信地说,活字印刷术的根在中国。

回顾历史,也可以看出,毕昇发明活字印刷术的工艺原理一以贯之。1991年宁夏贺兰县拜寺沟方塔废墟中清理出一批西夏文物,其中有一件《吉祥遍至口合本续》佛经,经专家鉴定为公元 12 世纪后期木活字印本。西夏是与宋同时期的一个以党项族为主体的多民族王朝,而这件西夏文木活字本佛经的问世,用实物证明了活字印刷术在当时已有应用。此后,元代王祯改进了木活字制字工艺,并写成《造活字印书法》一文,附在其所著的《农书》中。王祯不仅改进了木活字制字方法,还创制了转轮排字盘,提高了排字效率、减轻了劳动力,也是印刷科技史上的一个创举。明代不仅木活字印本盛行,还出现了铜活字印本,大大开创活字印刷的材质。而清代活字印刷已普遍推广,从宫廷到民间广泛使用活字印刷术。清宫武英殿于雍正四年(1726)用铜活字印刷过《古今图书集成》,于乾隆三十九年(1774)用木活字印刷过"武英殿聚珍版丛书",并将其印书工艺过程编纂成《武英殿聚珍版程式》一书。而民间有福州林春祺刻印铜活字本《音学五书》、木活字印刷的家谱、安徽泾县翟金生用泥活字印刷的《泥版试印初编》等书籍,清代末期,还出现了铅活字印刷书籍,但是无论哪一种材质的活字印刷工艺,都与毕昇的泥活字印刷工艺原理一脉相承。至 20 世纪 80 年代,激光照排系统应用到印刷排版领域以后,活字则从泥、木、铜、铅的物理状态转变为数字状态,拣字方式也从手工拣字转变为键盘"拣字",而其活字印刷工艺原理仍然与毕昇相同。所以说,毕昇发明的活字印刷术不仅实用,还持续影响后世,这是世界上的一项伟大发明。

总之，活字印刷术自毕昇发明以来，一路秉承创新、创造，顺应时代的发展，是中华优秀文化中一张永不褪色的金名片。是激励我们在新时代继续发扬创新、创造精神，坚定文化自信、讲好中国故事、传播好毕昇文化的源泉。

武英聚珍——清宫木活字印刷

故宫博物院研究馆员　刘甲良

活字制作之法可远溯先秦时的玺印,甚至更早时的陶印模。但以活字版摆印书籍最早见载于北宋沈括的《梦溪笔谈》:北宋庆历年间,布衣毕昇始制泥活字版以印书籍。此后活字演绎之法皆不出毕昇活字技艺之窠臼。

但我国的活字印刷技术的应用和推广并不迅捷。纵观古代,雕版印刷为主流。缓慢原因与我国汉字本身特征及其客观需求相关。中国汉字常用字数千字,刷印一部书需要准备数十万个活字。制作庞大数量的活字费工费时,只印两三本未见其便,反而不如雕版便利,而且雕版可以重复刷印,所以部头小的典籍还是以雕版刷印为上。但自从毕昇发明活字以来,活字印刷一直在缓慢发展,工艺也不断进步。元代王祯《农书》里记载了木活字刷印之法,且提到了"近世又有铸锡作字,以铁条贯之,作行嵌于盔内,界行印书。但上项字样难于使墨,率多印坏,所以不能久行"。明代陆深的《金台纪闻》记载"近日毗陵(江苏常州)人用铜铅为活字,视板印尤巧便"。综上可知,活字印刷技艺不断发展,活字所用材质从泥活字演变到了木活字、金属活字,金属活字从"率多印坏"发展到"板印尤巧便"。

清代以前，活字印刷主要是民间采用，未见有官府采用活字摆印图书的记载。延至清代，清内府采用活字大规模印书。究其原因乃是技术的进步和总结性巨著的需求。康雍时期，内府采用铜活字摆印了《钦定古今图书集成》《御制数理精蕴》《律吕正义》《御定钦若历书》等八种皇皇巨著。

乾隆初年，为加强蒙藏地区的统治，在京城大肆修寺庙铸铜佛。一时铜缺，竟把铜活字融化铸佛像，殊为可惜。乾隆三十七年（1772），乾隆皇帝诏令编纂《四库全书》，并将图书分为应抄、应存、应刻三类。所谓应刻图书乃"实在流传已少，其书足资启牗后学，广益多闻者"，不仅要抄入《四库全书》，而且还应另行刻印，以广流传。金简奉旨承办应刻图书事宜。以雕版印刷四种图书后，面对数量繁多的各类书目，金简觉得如若用雕版的方式，不仅"所用版片浩繁，且逐部刊刻亦需时日"，于是于乾隆三十八年（1773）十月二十八日上奏，"臣详细思维，莫若刻做枣木活字套版一分，刷印各种书籍比较刊版工料省简悬殊"。奏折详细列举了刻字字数及人工费用，以及活字印刷的方法。金简并把永乐大典诗的活字套版样本随奏折一起呈乾隆帝预览。乾隆皇帝始觉活字印刷"既不滥费枣梨，又不久淹岁月，用力省而程功速，至简且捷"，御批"甚好，照此办理"。但乾隆皇帝认为"活字版之名不雅驯，因以聚珍名之"。其后，活字印书多冠以"聚珍"字样，是为武英聚珍的由来。

乾隆四十一年（1776），金简为"俾海内欲将善本流传之人皆得晓此刻书简易之法"，编纂了《武英殿聚珍版程式》，以图文并茂的方式详细介绍了"武英聚珍"的木活字技艺。与以往相比，"武英聚珍"的木活字技艺又有了长足的进步。《武英殿聚珍版程式》不仅指导了宫廷刻书，对地方活字印书也起到了指导和推动作用。《武英殿聚珍版程式》也被翻译成了多国文字，为世界活字印刷做出了贡献。

活字技术发明于民间，民间活字技术的不断进步，最终为中央所采用。经过中央改良的活字印刷技艺又促进了民间活字技艺的发展。两者相互成就，共同造就了中华民族辉煌灿烂的印刷文明。

附录二：首届毕昇文化论坛主题学术报告摘录

英山毕昇　杭州活版

中国美术学院教授　辜居一

中国印刷史告诉我们，活版印刷的新形式——饾版套印术是在明代万历年间由安徽徽派刻、印工们研制的，并于天启、崇祯年间（1621—1644）成熟起来的多版多色套印技术。现存最早用饾版套印的木版水印是吴发祥刊印于1626年的《萝轩变古笺谱》，而影响最大、印制最为精美的是胡正言刊行于1627年的《十竹斋画谱》和后来的《十竹斋笺谱》。

饾版套印术其实就是在当时雕版印刷界分版分色套印技术的纵深发展，只是比一般的分版分色套印技术要复杂得多，这种复杂性体现在印版分解得更为细致，数量更多，套版印刷次数也更多。由于一种色调需要一块印版，因此一件作品通常要刻制几块甚至几十块印版，印版大小形状不一，犹如江苏的饾饤食品，故称之为饾版。

活版印刷的新形式——饾版套印术不但给印刷业带来了新发展，也丰富了中国彩色木版年画和水印木刻艺术创作的技法宝库。新中国成立不久的20世纪50年代初期，活版印刷的新形式——饾版套印术开始进入了中国的美术院校的研究与教学领域，这些院校新成立的版画系的骨干教师被派往北京荣宝斋等处学习饾版套印术，浙江美术学院（现在的中国美术学院）为了传承和发扬

105

以水印木刻艺术为主的饾版套印术，既开设了水印木刻的教学课程，又开办了西湖艺苑（水印木刻工坊），后来西湖艺苑（水印木刻工坊）的主要技术骨干被调整到版画系所属的紫竹斋工作室，由于师生们了解活版印刷的新形式——饾版套印术的文化意义，紫竹斋工作室的教学和科研活动得以存续到现在，为国内外培养了不少水印木刻艺术的人才。

同时，中国美术学院师生们运用活字印刷原理创作的独幅版画艺术作品也经常在国内外展出，多次获得国内外艺术与印刷界人士的奖项和好评。师生们还非常注重关于活字印刷的"非遗"保护与传承的社会实践活动，我也曾经和版画系于洪老师带领同学们在浙江缙云实地考察和采风活字印刷族谱的全过程，并且当场用活字印刷原理集体创作版画艺术作品，这些作品在回校的社会实践活动课程的汇报展上，引起了有关领导和师生的热评。

从2004年开始，我出于对毕昇创造活字印刷术的崇敬以及传承活字活版文化艺术的愿望，开始自费购置和自刻了许多大小不一的木活字（主要是木质会计专用的数字章），运用活字印刷原理，创作了一些反映当代数字化环境下，人们以新的交流方式不断沟通彼此信息的独幅版画。

通过创作有关活字独幅版画和表现毕昇题材的人工智能绘画，我认真研究了国内有关毕昇题材的文艺作品。为了以后在有限素材的条件下，更好地创作有关毕昇活字印刷题材的文艺作品，建议多运用艺术创作的形象思维语言，将中国印刷史（尤其是毕昇所在的宋代印刷史）的发展脉络梳理好，使观众和读者通过欣赏毕昇题材的文艺作品，得到相关的专业史料知识。建议用元宇宙、人工智能、虚拟现实、增强现实、混合现实、光与电等沉浸式体验的新技术来传播毕昇活字印刷文化的设想，使毕昇活字印刷文化再升级和再活化。

附录三：

北京印刷学院成功举办 2023 年"毕昇文化传承与印刷产业发展"首届毕昇文化论坛

图文：刘晓宇

4月20日，首届毕昇文化论坛在湖北省英山县成功举办。中央宣传部印刷发行局印刷复制处副处长张迁平，北京市政协委员、北京印刷学院原党委书记、北京文化产业发展研究院首席专家高锦宏教授，北京印刷学院党委常委兼副校长王关义教授，湖北省委宣传部印刷发行处处长邓世清，解放军第三综合训练基地原政委、大校、广东省知识产权研究会副会长袁新迪，湖北省图书馆馆长刘伟成，武汉市委宣传部印刷发行处处长张拥军，黄冈市委常委、宣传部部长李初敏，中共英山县委书记郑光文等出席本次论坛。各主办单位、协办单位、国内印刷相关高校、研究机构、行业协会、印刷包装企业的领导、专家和企业家以及新闻媒体记者与会参加。本次论坛由北京印刷学院经济管理学院院长李治堂主持。

图 1　2023 年首届毕昇文化论坛成功举办

中共英山县委书记郑光文发表欢迎致辞，他指出，举办首届毕昇文化论坛，是40万英山人民翘首以盼的一件喜事，更是英山文化事业发展中的一件大事。一千多年前，英山布衣毕昇创新发明了活字印刷，开创了人类印刷史的新纪元，书写了人类文化进程史上的伟大奇迹，更是毕昇故里英山的荣光。郑光文表示，通过举行第三十届湖北·英山茶文化旅游节暨首届毕昇文化论坛，诚邀各地专家学者，齐聚英山赏花品茶，研究毕昇文化，商讨文旅融合大计，就是要让毕昇文化资源活起来、强起来，让毕昇文化成为推动英山绿色崛起的强劲动力。

图 2　郑光文书记致辞

北京印刷学院党委常委、副院长王关义讲述了中国印刷业的发展现状、面临问题以及发展路径，并重点介绍了英山县域经济发展的出路。他指出，英山县要坚持做山水文章，打毕昇招牌，念绿色真经，建富民产业，以产业振兴助推英山绿色崛起，重点建设产业集群。其中，旅游文化产业建设要注重编好毕昇故事、提升文化品位、壮大旅游产业，时刻践行绿水青山就是金山银山的理念。

附录三：北京印刷学院成功举办2023年"毕昇文化传承与印刷产业发展"首届毕昇文化论坛

图3　王关义进行主题报告

中国印刷博物馆研究馆员赵春英对毕昇法胶泥制字工艺实证研究及其对后世影响进行了详细介绍。她指出，活字印刷术自毕昇发明以来，一路秉承创新、创造，顺应时代的发展，是中华优秀传统文化中一张永不褪色的金名片。新时代要继续发扬创新、创造精神，为讲好中国故事、传播好毕昇文化贡献自身力量。

图4　赵春英进行主题报告

故宫博物院研究馆员刘甲良介绍了清宫木活字印"武英聚珍"的由来、工艺特色以及影响。他指出，中国古老的印玺是活字的雏形，一定程度上促使民

109

间活字技术的发明，民间活字技术的不断进步，最终为中央所采用。经过中央改良的活字印刷技艺又促进民间活字技艺的发展。两者相互成就，共同造就了辉煌灿烂的印刷文明。

图5 刘甲良进行主题报告

中国美术学院教授辜居一以"英山毕昇 杭州活版"为主题，讲述了活版源流和自身运用活字印刷原理进行的创作实践。他提出了对国内创作毕昇题材文艺作品的三点建议：多励志，强科普，少激化与官员、企业主的矛盾。

图6 辜居一进行主题报告

为加强高水平人才培养、促进地方经济高质量发展，会上，英山县委常

附录三：北京印刷学院成功举办2023年"毕昇文化传承与印刷产业发展"首届毕昇文化论坛

委、常务副县长张全斌和北京印刷学院党委常委、副院长王关义代表英山县人民政府与北京印刷学院进行战略合作协议签约仪式。

图7 张全斌、王关义代表英山县人民政府与北京印刷学院进行签约

为传承毕昇精神，弘扬毕昇文化，特聘请毕昇印刷奖获得者王关义、万晓霞、朱敏、王广杰为英山县"毕昇文化宣传大使"。高锦宏、郑光文为他们颁发聘书。

图8 高锦宏、郑光文为英山县"毕昇文化宣传大使"颁发聘书

为将"毕昇文化论坛"打造为传承和发扬毕昇文化的品牌活动，发挥毕昇文化研究专家学术优势和智囊作用，李初敏、刘华丽为赵春英、刘甲良、辜居一、施继龙、宋海超、余贤伟、吴小淮、邢立、王晓红、刘琳琳、胡义斌颁发"毕昇文化论坛"专家委员会委员聘书。

图9 李初敏、刘华丽为"毕昇文化论坛"专家委员会委员颁发聘书

高锦宏在本次论坛总结致辞中指出，北京印刷学院未来将一如既往地与党中央保持高度一致，紧密关注全局，把握大势，注重实际问题。牢记"传承中华印刷文明，振兴新闻出版产业，建设新闻出版强国"的伟大使命，将其融入与英山县的合作之中，充分利用毕昇文化论坛平台，加强与英山县的文化合作，推动双方文化资源的共享和交流，深入探讨传统文化的内涵和当代价值，加强文化创新和传承，为文化产业的发展提供有力支持和保障，为实现中华民族的伟大复兴做出更大贡献。

附录三：北京印刷学院成功举办2023年"毕昇文化传承与印刷产业发展"首届毕昇文化论坛

图 10　高锦宏进行总结致辞

本次论坛进行了多学科、宽领域、多维度的研讨交流，紧扣英山特色，充分发挥毕昇人文元素，以毕昇为载体，化资源为活力，为毕昇文化的传承与印刷业的发展不断走向深入提供了强有力的支撑，为促进印刷文化旅游资源传承发展，推动印刷出版文化事业改革创新，建设社会主义文化强国、教育强国贡献了积极力量。

图 11　参加毕昇文化论坛的专家学者合影留念